聰明又過動

這樣教就對了！

40年經驗實證，美國學習與專注力專家
教你輕鬆搞定ADHD孩子（1～13歲孩子適用）

SMART but SCATTERED The Revolutionary "Executive Skills" Approach to Helping Kids Reach Their Potential

※初版書名為《教出孩子的行動力》

佩格．道森博士（Peg Dawson, EdD）、
理查．奎爾博士（Richard Guare, PhD）／著

胡玉立、黃怡芳　／譯

國家圖書館出版品預行編目資料

聽明又過動，這樣教就對了！40年經驗實證，美國學習與專注力專家教你輕鬆搞定ADHD孩子(1~13歲適用)【TOP1暢銷教養經典】／佩格．道森(Peg Dawson)、理查．奎爾(Richard Guare)著；胡玉立、黃怡芳譯. – 三版. -- 新北市：野人文化出版：遠足文化發行, 2020.04　面；　公分. -- (野人家；145)
譯自：Smart but scattered : the revolutionary "executive skills" approach to helping kids reach their potential
ISBN 978-986-384-426-6(平裝)

1.育兒 2.兒童發展 3.親職教育

428.8

野人文化 官方網頁　野人文化 讀者回函

聽明又過動，這樣教就對了！

線上讀者回函專用 QR CODE，你的寶貴意見，將是我們進步的最大動力。

野人家145

聽明又過動 這樣教就對了！

40年經驗實證，美國學習與專注力專家教你輕鬆搞定ADHD孩子（1~13歲孩子適用）

SMART but SCATTERED The Revolutionary "Executive Skills" Approach to Helping Kids Reach Their Potential

※初版書名為《教出孩子的行動力》

作　者　佩格．道森博士（Peg Dawson, EdD）、
　　　　理查．奎爾博士（Richard Guare, PhD）
譯　者　胡玉立、黃怡芳

社　長　張瑩瑩
總 編 輯　蔡麗真
責任編輯　蔡麗真
協力編輯　游淑峰、陳瑾璇
行銷企劃　林麗紅
封面設計　周家瑤
內頁排版　洪素貞

出　版　野人文化股份有限公司
發　行　遠足文化事業股份有限公司（讀書共和國出版集團）
地址：231新北市新店區民權路108-2號9樓
電話：（02）2218-1417　傳真：（02）8667-1065
電子信箱：service@bookrep.com.tw
網址：www.bookrep.com.tw
郵撥帳號：19504465遠足文化事業股份有限公司
客服專線：0800-221-029
法律顧問　華洋法律事務所　蘇文生律師
印　製　凱林彩印股份有限公司
初版一刷　2015年7月
二版一刷　2017年6月
三版一刷　2020年4月
三版四刷　2023年2月
三版五刷　2023年11月

推薦序

父母必備，兼具愛與管教的實務指南

——楊俐容（芯福里情緒教育推廣協會理事長、親職教育專家）

這是一本非常磅礡大氣、毫不藏私、內容豐富的指南。作者以專業的理論和實務背景，針對當代孩子成長過程最重要也最艱難的教養，兼具愛與管教，條理分明地羅列出適用的行為學派方法以及人本主義態度。求知若渴的父母可以從頭到尾詳細閱讀，必有物超所值的收穫；分身乏術的父母從自己最關注或最困擾的章節開始，同樣可以得到及時的幫助。

推薦序

培養孩子的執行能力，父母是關鍵角色

——翁菁菁（臺北市立聯合醫院兒童發展評估療育中心主治醫師）

許多父母十分憂心孩子的執行能力不足、組織力太弱，或是注意力不集中。每個孩子多少有個別差異，但普遍來說，在少子化時代，有些父母因為過度保護孩子，降低對他們的生活自理期待與要求，造成孩子在家中自理的學習機會不足，加上不像過去大家庭有很多兄弟姊妹可以互相刺激。再者，孩子的課業壓力也比過去有過之而無不及，回家後讀寫的時間擠壓到休閒、睡眠和生活各部分，導致孩子執行能力的學習有限、能力不夠，也就不足為奇了。

家庭在如此的趨勢下，我們會鼓勵孩子在學齡前要上幼稚園，透過學校的群體生活，可以逐步學習每個階段應該完成的事情，孩子也會透過同儕的互相學習，及早跟上未臻完善的生活技巧。

現代人的工作與生活確實不易，我們也看見許多家長在教養孩子上的分身乏術與無奈心情。不過我們要提醒父母，孩子的問題跟家長息息相關，這並非表示每個孩子的問題都源自於家長，但是孩子問題的改善，家長絕對扮演關鍵的角色。

這本《聰明又過動，這樣教就對了！》對家長和老師們非常實用，因為書中有許多專業的評估表可以提供評斷和提醒，以及詳細的解說引導孩子如何發揮潛能，能一步步改善散漫而不專心的問題，讓孩子不論是學業上、生活上能夠更得心應手，更是邁向成功人生的必要過程。

我最感動的是，作者明確提到，有些執行能力的問題是親子之間標準落差的問題，若是父母可以同時檢驗自己的執行能力，或許就會發現成人對自己的執行能力經常力有未逮，更何況孩子需要更多的資源與協助。

父母自我發現，就會對孩子投以同理心，用適合的方法解決家庭環境與改變生活節奏，自然而然的提升孩子的能力。

父母自我檢視，就會重新調整對孩子的合理期待，讓他在改善的過程中，獲得快樂與自信。

孩子是我們的一面鏡，和孩子共同成長才能雙贏，達到和諧的親子關係，這永遠是我們值得為孩子努力的課題。

推薦序

有策略、有方法，散漫拖拉的孩子也會變得能幹有效率

——彭菊仙（親子教養作家）

大兒子的國中導師曾在他國二時指定他擔任班長，當時的我對老師的決定充滿疑慮，因為，從小到大，這孩子不是忘了交回條，就是忘了帶作業。

在我眼中，他是全班最不具資格當班長的人選。沒想到，兒子因為認真盡責，竟然一連當了三個學期的班長。學校日時，一位同學當著我的面稱讚咱家小子是他認定的最稱職的班長！

我才想起，曾幾何時，老早不是我緊迫盯人催著兒子簽名、交回條，而每每都是兒子仔細交代我要記得簽那些回條，準備多少費用，叮嚀我何時要參加什麼學校活動。

回首孩子的成長歷程：書包整理不好，功課拖拖拉拉，讀書不知道如何抓重點，作業忘東忘西……多少令我驚心肉跳的畫面，多少聯絡本上的紅字，歷歷在目。然而，小子竟然在國二之後，不論讀書、考試、交作業或是準備學校活動，完全不再需要我任何的插手與支援。

今天看到這本書，我才發現在兒子的成長歷程中，我的確做了很多本書提到的重要事情，來幫助他逐步發展「自我控管」的能力，成為有執行力的少年郎！

我會在環境上幫他去除干擾因素，我也曾針對他特定的散漫問題訂定策略，比如幫助他訂定「生活計畫表」，以及使用計時器來增強他的「時間管理能力」。

我也曾鼓勵讀書容易恍神的他，藉由「點讀」的方式，以及「用尺引導視覺焦點」來強化他的持續專注力。

我曾幫助他把很多艱難的大任務拆成一個一個小任務，然後逐步完成。比如說繪製一本自己的創作故事書，或是練習十多頁的小提琴曲目，以及國中時花費一整年的時間創作十萬字的推理小說。

這些年來，我不間斷的協助孩子盡量「確實執行」每一個目標任務，藉由累積一個一個的小成功，孩子果真體認到何謂執行力，並因此增強了自我的信心。最終在國中畢業時，由老師親口跟我保證，兒子是她最信任的得力助手！

一個散漫拖拉的孩子，一定有機會蛻變成能幹有效率的行動家，只要我們有策略、有方法，並且持之以恆！

這本書幫助您偵測孩子在發展執行力上可能出現的問題點，然後提出了非常明確而且有效的因應策略，非常值得您親身嘗試！

目錄

第一部

為什麼我的孩子聰明又過動？

目標：釐清孩子哪些方面需要幫助？找出最需強化的執行能力！

第二部

奠定孩子思考習慣的十大原則與三大法門

目標：從調整環境開始，一一拔除讓孩子散漫的因子！

第三部

11種執行力訓練應用，讓孩子學會獨立

目標：從20項最常見的問題，歸納11種執行能力訓練，各個擊破孩子的散漫態度！

❷	整理房間	7～10歲	任務啟動力、持續專注力、工作記憶、組織力	158
❸	收拾個人物品	7～10歲	任務啟動力、持續專注力、工作記憶力、組織力	160
❹	完成家事	任何年齡	任務啟動力、持續專注力、工作記憶力	163
❺	才藝練習進度	8～14為主	任務啟動力、持續專注力、優先順序規畫力	165
❻	準時就寢	7～10歲	任務啟動力、持續專注力、工作記憶力	167
❼	整理書桌	7～10歲	任務啟動力、持續專注力、優先順序規畫力、組織力	170
❽	回家作業	7～14歲	任務啟動力、持續專注力、優先順序規畫力、時間管理力、後設認知力	172
❾	收納筆記／作業	6～14歲	組織力、任務啟動力	174
❿	準備考試	10～14歲	任務啟動力、持續專注力、優先順序規畫力、時間管理力、後設認知力	177
⓫	長期計畫	8～14歲	任務啟動力、持續專注力、優先順序規畫力、時間管理力、後設認知力	179
⓬	撰寫報告	8～14歲	任務啟動力、持續專注力、優先順序規畫力、組織力、時間管理力、後設認知力	181
⓭	完成開放性的任務	7～14歲	情緒控制力、變通力、後設認知力	184

前言

從小培養孩子的執行力，學會獨立自主的第一步！

眼看著資質中上的孩子為了日常生活小事拖拖拉拉，是為人父母再沮喪不過的事了。別的孩子可以好好寫完功課、記得把課本帶回家、在上床睡覺前完成老師交代的作業，為什麼自己的女兒偏偏做不到？幼稚園裡多數小孩都能好好圍坐在圈圈裡至少十分鐘，為什麼獨獨自己的兒子連十秒鐘也待不住？家裡八歲的小兒子兩三下就可以把房間整理好，為什麼對十二歲的大兒子來說，每個禮拜整理一次房間卻好像要他的命？

總覺得自己的兒子或女兒資質不錯，有希望贏得成功的人生，但是老師、朋友、父母，甚至連自己腦海裡都有個小小的聲音在說：這個孩子總是心不在焉。能試的都試過了——好說歹說、威脅利誘、講道理，說不定連體罰都用上了，希望他能專心，做他們那個年齡該做的事，把自己管理好。結果呢？完全沒效！

其實，孩子可能缺少的是一些「技巧」或能力。他們有動機，但缺乏技巧；這好比還沒學會走路，就不可能要求他們跑跳一樣。孩子或許非常「想要」，也有潛力去做別人要求的事，他們只是不知道「該怎麼去做」而已。

研究兒童腦部發展的科學家發現，絕大多數聰明卻散漫的兒童，所欠缺的只是某些特定的心智習慣，這些心智習慣稱為「執行能力」（executive skills）。這些非常根本、有賴大腦基礎的能力，要求的是「執行任務」：條理分明、做計畫、開始工作、持續下去、控制衝動、規範情緒、適應環境、具變通力——這全是一個小孩上學、居家、與朋友相處等日常生活所需的能力。有些孩子缺乏特定的執行能力，或是發展比較落後。

所幸有很多方法可以幫助他們。本書將說明如何調整兒童日常生活經驗，幫助一歲到十四歲的孩子建立執行能力，讓他們步上常軌，把事情做好。大腦中執行能力的發展基礎是在出生之前就打下的，這種生物能力沒有辦法預先控制。但如今神經科學家已了解這些能力會逐漸發展，而且在人生前二十年有明顯的進展。如果孩子欠缺這樣的能力，在他整個童年時期，父母都有無限的機會來激發他的執行能力。

本書裡的方法，對成千上萬兒童的學校和家庭生活都發揮了效用。這些策略需要付出一定的時間持之以恆，但沒有任何一個方法是很難學會或難以接受的，有些方法或許還很有趣。毫無疑問，這些替代方案取代了沒完沒了的嘮叨、哄騙、監督，讓家庭生活變得更有趣。

本書教你找到孩子散漫的問題點↓擬訂策略↓練習「確實做到」↓累積成功經驗

從某個角度來看，每個孩子或多或少都在為有條理、自制力、與人和睦相處而奮戰。世界上沒有哪個十三歲大的孩子能天天迅速完成所有功課，而且一絲不苟、完美無誤。但有些孩子需要別人持續監督和幫助的程度，似乎遠超過同儕。你或許會納悶，要到什麼時候，你才能像其他父母一樣真正功成身退？什麼時候才能不需一再地對兒女耳提面命？

指望一個晚熟孩子的發展出現大躍進，可能得歷經很長的時間才能見到成果。過程中，孩子的自尊有可能受損，你也會不斷地擔憂、沮喪。所以，若孩子的執行能力不符一般的合理期待，最好現在就採取行動，協助他跟上進度。

執行能力被認為是每個孩子因應童年時期種種要求的基礎能力。對於將來要勇闖世界的兒童來說，隨著父母的監督和指引逐步減少，這種來自大腦的能力會愈來愈重要；它是成人不可或缺的成功法門。從現在開始，幫助孩子增強執行能力，可以讓他輕鬆面對未來的難題。

如果從現在開始努力經營孩子的執行能力，在他升上高中之前，等於已經把學習與社交生活的成功之鑰，交給了他。屆時，你會發現他的自制力更強、決斷力更好、解決問題的技巧更佳，他所具備迎接未來的能力，可能是你出乎意料的。本書描述國中生的許多情況，對高中的兒女可能也會有用。但是高中階段的孩子所面臨與執行能力相關的要求很不一樣，他們對於父母教養方式的反應，和年齡較小的孩子差別也很大，所以此書不針對這個年齡層深入討論。

研究發現，所有類型的孩子都可能為執行能力薄弱所苦，你得依據兒童的年齡、發展階段的不同，來決定提供什麼幫助。此外，你也得參考自己的優缺點。如果目標抓準了、策略也選對了，就可以對孩子產生長遠的正面影響，協助他發展執行能力。

【第一部】釐清孩子哪方面需要幫助？找出最需強化的執行能力！

其中第一章到第四章是概觀執行能力的全貌：執行能力如何發展？如何在常見的考驗中展現

出執行能力？要發展堅定的執行力，你和周遭環境可以做什麼？來自各方的科學家和臨床醫師用不同的方法將執行能力分類、命名。但我們這行的人都同意，這些能力是一種認知過程，需要(1)計畫和指揮行動，包括開始進行和透析這些行動。(2)規範行為舉止、抑制衝動，做出好的選擇；在行為無效時改變策略，管理情緒和行為，以達成長期目標。

如果把大腦看成是組織輸入和輸出，那麼執行能力就是在協助我們管理輸出功能。也就是說，它協助我們接收大腦從感官、肌肉、神經末梢等地所收集到的資訊，然後選擇該如何回應。

在第一章，你將了解執行能力的每一項功能，此外，你還會學到大腦發展的知識，尤其是兒童的執行能力如何在出生時就開始發展。你會對執行能力的功能有些概念，明白為何欠缺執行能力或執行能力薄弱，會在許多方面局限孩子的發展。為了認清你的孩子有什麼特別突出或不理想的執行能力，你應該要了解不同的能力應該在什麼時候發展。多數家長其實對執行能力的發展都有一種直覺；雖然我們不會刻意把孩子各種不同執行能力的關鍵標示出來，但我們和學校老師還是會依據孩子發展出的獨立能力，調整對他們的期待。

第二章將更進一步檢視發展軌道，羅列童年不同的階段，有哪些常見的發展任務需要運用執行能力。你會發現，一個人執行能力的強弱往往有跡可循；不過，仍然有人可以發展出相當全面的執行能力。你可以用簡短的測驗，初步描繪出孩子的優缺點，而這幅圖像將幫助你辨識可以協助和引導的目標；我們將在第二部和第三部，對此進行探討。

之前我們提過，孩子發展執行能力的生物能力，在出生前就已經決定了。不過，能否發揮這些潛能，環境的影響也很大。身為父母的你，占據了兒女世界的大部分。這不是在怪你、或要你為孩子薄弱的執行能力負責，而是明白你自己執行能力的優缺點，可以讓你在建立孩子執行能力時，事半功倍。同時，還能減少親子衝突。

例如，你的小孩做事非常沒有條理，而你也是如此。這不只會讓你在教導孩子組織力時覺得特別棘手，也會大大增加因混亂而發生衝突的機率。這時，認清你們這個相同點，會很有幫助。你們倆共同為此努力，既能讓孩子保有自己的自尊，還能相互合作勉勵。想像一下，你與孩子之間的大不同：光是明白自己天生是個有條不紊的人，而你的孩子卻沒什麼組織能力，就足以讓你對孩子更多一點耐心，幫助他建立組織技能。因為，你會知道他並不是故意找麻煩，而是你們兩人的執行能力不同。本書的第三章，將幫助你了解自己執行能力的強項和弱項何在，以及如何運用這項理解，幫助你的孩子。

你和孩子之間的配合，不會是唯一的關鍵；孩子與周遭環境的配合也很重要。你將會明白，當你開始運用策略，增強孩子的執行能力時，首要之務是設法改變環境。你當然不可能永遠這麼做，但做父母的在孩子的童年乃至青春期，的確時常改變環境，只是程度不同而已。在第四章，我們將告訴你如何檢視孩子的環境以配合他的執行能力，以及在孩子仍需要周遭環境的支援時，可以做哪些安排。

【第二部】從調整環境開始，一一拔除讓孩子散漫的因子！

一旦理解孩子的優缺點何在、清楚親子之間是怎樣的組合、明白孩子與環境的關係時，你就為建立執行力做好準備了。為什麼我們認為協助和引導是有效的？因為：(1)這些協助和引導是自然地運用在孩子身上。(2)你可以選擇從不同的角度出擊，這些選擇可以讓你為孩子量身打造適合他的做法，在A計畫不太成功時，換成B計畫。

本書第五章將提供一套原則，在遇到特定任務，或孩子需要某種特定的執行能力時，可以據此擬出最佳的出擊角度。這些原則中，有三項是最根本的架構，我們在第六章至第八章將逐一說明：(1)調整環境，讓孩子和他所面臨的任務配合得更好；(2)教導兒童如何進行需要執行能力的任務；或(3)激勵孩子運用已經掌握的執行能力。

【第三部】從常見問題對應11種執行力訓練，各個擊破散漫態度！

我們將在第九章整合這些執行能力。同時，父母可以決定自己是採用循序漸進的鷹架學習法，還是運用第二部所建議的方式，在每天的例行工作中，不著痕跡地激發孩子的執行能力。

第十章針對在臨床實驗過程中家長最常提出的20個頭痛問題，提出教導原則。這些原則都有一套流程可循，幫助孩子學習管理每天的活動。許多父母發現用這些原則來展開行動最容易，因為這些原則是直接針對引發每日衝突的導火線，而且提供符合大家需要的步驟和工具。你或許會發現，這是熟悉與建立執行能力的最佳方式，也是能觀察到結果的最快途徑。

第十一章到第二十一章，我們會逐一說明每項執行能力的典型發展過程，同時也會提供簡易的評分表，用來再次確定孩子在這方面的表現如何？如果覺得孩子的整體能力是足夠的，但還可以多一點刺激，父母可以依列出的通則來進行。如果發掘到更明顯的問題，可以把重點放在臨床實驗中最常出現的問題上，根據所提供的引導方法，設計出屬於自己的方式。

我們相信，父母一定可以根據書中提供的不同選擇，找出幫助孩子的方法，讓孩子原本薄弱的執行能力愈來愈堅強。只不過，這個世界並不完美，所以在第二十二章，我們列出了一些疑難雜症的建議，包括你應該反身自問，試過的方法出了什麼問題，以及應該在什麼時候、如何尋求專業協助。

為人父母可以幫助孩子運用執行能力完成家庭作業、養成良好的讀書習慣，但不可能跟著孩子進入教室。絕大多數散漫的孩子在學校裡遇到的問題和在家裡一樣多；事實上，也許正是孩子的第一個老師讓父母注意到孩子的執行能力不佳。第二十三章是針對如何與老師和學校合作，以確定孩子無論在學校或家裡，都得到必要的幫助和支持；包括如何避免和學校老師對立？如何取得更多支持？以及必要的話，如何運用特教資源等等。

孩子在父母的協助之下建立的能力，應該可以幫助他在學校表現更理想，但國中畢業後該怎麼辦？對漫不經心的孩子來說，高中和其他看似遙遠的挑戰，往往更加嚇人，而你則會更在意他們能否愈來愈獨立自主。本書最後一章所提供的指南，即是在幫助孩子掌握前方的人生新階段。

想像孩子長大以後的事，難免令人擔憂。我們在大兒子上國中時，就曾有過許多無眠的夜晚，擔心他能不能撐過高中，更不敢想像他高中以後的日子。現在，我們寫下這本書是向你保證，孩子「真的」會長大成人，而且會學著靠自己長大成人——我們的孩子做到了，你的孩子也能。多年的臨床實證和教養經驗，都呈現在這本書裡。我們衷心希望，這本書能讓父母們覺得受用無窮。

第一部

為什麼我的孩子聰明又過動？

目標：釐清孩子哪些方面需要幫助？
找出最需強化的執行能力！

孩子吸收資訊，在學校裡學習數學、語言和其他科目都沒有困難，這讓你以為他們對於整理床鋪、輪流排隊這些看來更簡單的工作，應該是易如反掌。但情況卻非如此。因為你的小孩可能智力無虞，但缺乏讓智力發揮最佳效果的執行能力。

第1章

聰明的孩子怎麼會這麼過動？

教養案例 1

孩子容易分心，整理房間拖拖拉拉，過了半小時，卻一事無成……

凱蒂，八歲。星期六上午，媽媽請她整理自己的房間，還警告她除非把房間整理好，否則不能去找朋友玩。凱蒂心不甘情不願地上樓，在門口看了房間一眼：芭比娃娃躺在角落，其他娃娃和衣服首飾散在另一頭；書架上的書東倒西歪，有的還掉到地板上；衣櫃是開著的，衣服從衣架上掉下來，在衣櫃下方堆成厚厚一疊，蓋住了幾雙鞋子和最近很少玩的遊戲盒、拼圖。

凱蒂嘆了口氣，才開始把兩個娃娃放在玩具架子上，正在撿第三個娃娃時，忽然覺得娃娃的衣服不好看，轉而翻找比較中意的服裝。就在她為娃娃扣上最後一顆鈕扣時，媽媽從門口探頭：

第一次分心

「已經過了半小時了，妳怎麼還沒開始整理呢？」媽媽走進來，和凱蒂一起整理娃娃。

很快整理好玩具後，媽媽站起身，準備離開，「現在，就看妳怎麼整理那些書啦。」她說。

凱蒂走到書架前，開始擺放書本。她在地板上的那堆書裡，找到了最新一集《魔法校車》，這本書她之前讀了一半。她跟自己說：「我看完這一章就好。」等她看完，才可憐兮兮地大喊：

第二次分心

「媽！實在太難整理了啦！我可不可以先去玩，等一下再回來整理？拜託！」

專家分析

孩子散漫，是大腦的統整力與執行力出了問題！

我們在前言中提過聰明的孩子會變得散漫，是因為他們大腦運作的技能還不熟練；每個人都需要靠這些技能來進行規畫、指揮活動和規範行為。他們接收整理從感官得來的輸入訊息，也就是我們所謂的「智能」，並沒有任何問題。說他們聰明，他們當之無愧。他們可以輕鬆理解分數、除法或是學會拼字。

問題出在他們需要組織統整——決定什麼時候、怎麼做，才能控制自己的行為，達成目標。他們吸收資訊，在學校裡學習數學、語言和其他科目都沒有困難，這讓你以為他們對於整理床鋪、輪流排隊這些看來更簡單的工作，應該易如反掌。但情況卻非如此。因為你的小孩可能智力無虞，但缺乏讓智力發揮最佳效果的執行能力。

即使是日常小事，都需要執行能力才能順利完成！

我們得先釐清一個可能的誤解：當人們聽到「執行能力」（Executive Skills）這個詞時，以為指的是傑出企業執行長所應具備的整套職場技能，如理財能力、溝通能力、策略性規畫能力和決策能力等等。但是執行能力這個用詞其實是神經科學用語，指的是大腦運作的技能，人類需要靠它們來確實執行任務。

孩子和你一樣，需要執行能力來確立行動計畫，包括為了展開任務所需的基本計畫。有些事情其實簡單到只是從廚房拿一杯牛奶，但他得在他覺得口渴的時候，決定站起身來、走進廚房、打開櫥櫃、拿出杯子、把杯子放在流理臺上，然後打開冰箱、拿出牛奶、關上冰箱、倒出牛奶、把牛奶放回冰箱，然後把杯子裡的牛奶喝掉，或是走回他原來的房間。

要執行這麼簡單的任務，他必須在看見櫥櫃裡的洋芋片時，抗拒抓一把來吃的衝動；而在開冰箱時，他也得克制自己伸手去拿汽水。如果他發現牛奶杯沒有了，而不是去拿價值不菲的水晶杯。當他發現牛奶所剩不多時，他必須平撫自己的沮喪情緒，並且在認定是妹妹把牛奶喝到幾乎不剩時，克制去找妹妹算帳的想法。此外，如果他不想讓自己以後被禁止在房間裡吃零食，他也必須確定桌上沒留下什麼牛奶痕跡。

對執行能力薄弱的孩子來說，喝杯牛奶不成問題，但他可能會分心、做出不太好的選擇、很難控制自己情緒或行為：沒關上冰箱門、在流理臺和地板上留下牛奶的痕跡、把牛奶忘在流理臺上，變成餿牛奶，然後還把妹妹給搞哭了。就算他順利倒了牛奶，但你仍然能猜到，當他面對生活中更複雜、更需要規畫能力、注意力、組織力、自制力等狀況時，仍會有問題。

有良好的執行力，孩子才有落實夢想的基本配備

孩子要實現任何希望和夢想，所需要的技能就是執行能力。

在青春期後期之前，孩子一定要達到一個基本程度：他們必須能夠相當程度的獨立運作。這不是說他們不能經常要求協助或徵求意見，但這的確意味他們不再依賴我們去計畫或整理他們的生活、告訴他們什麼時候開始做事、在忘東忘西時替他們把東西送過去，或是提醒他們上學要專心聽講。當孩子到達這個階段，我們所扮演的教養角色也才真正到了下臺一鞠躬的時候。我們和孩子說話時，把他們當成行事獨立的成人，帶點欣慰，並獻上祝福。

孩子執行力流程示意圖

目標任務：倒牛奶喝

流程分析：

步驟	分析
打開櫥櫃 ↓	•可能會先選擇開冰箱、拿牛奶，再拿杯子（優先順序規畫力） •看到櫥櫃裡的洋芋片時，抗拒抓一把來吃的衝動——因為那只會讓自己更渴（反應抑制力、目標堅持力）
拿出杯子 ↓	•若沒有牛奶杯，他得知道去洗碗機找，而不是去拿價值不菲的水晶杯（變通力）
把杯子放在流理臺上 ↓	•杯子要靠內放，想到上次隨便放而打破的經驗（工作記憶力）
然後打開冰箱 ↓	•克制自己伸手去拿汽水（反應抑制力）
拿出牛奶 ↓	•若發現牛奶所剩不多時，先平撫自己的沮喪情緒，並且在認定是妹妹把牛奶喝到幾乎不剩時，克制去找妹妹算帳的想法（情緒控制力） •想到要不要改喝白開水或其他選擇（變通力） •選擇要先倒牛奶？還是先關上冰箱門？（優先順序規畫力）
關上冰箱 ↓	•也可能最後忘了關上冰箱門（工作記憶力）
倒出牛奶 ↓	•可能倒太快，濺到桌上，或滿出來，為了之後不被媽媽罵，要記得收拾善後（後設認知力）
把牛奶放回冰箱 ↓	•可能忘了放回去而使得牛奶壞掉（工作記憶力）
把杯子裡的牛奶喝掉	（完成任務）

要達到獨立階段，孩子必須發展執行能力。就如小嬰兒看著媽媽離開房間，等了一小段時間之後開始大哭，要媽媽回到身邊；三歲大的女兒，用父母說話的語氣對自己說，不可以做某某事；九歲大的兒子，一路追著球往外跑，碰到馬路時，確實會停下來左右察看……這些，都是執行能力逐步發展良好的最佳案例。

執行能力區隔愈細，愈能精準找到解決方案

我們早在一九八〇年代，就開始進行執行能力研究。在評估和治療腦部受創的兒童時，我們看到許多在認知和行為方面的問題，是根源於缺乏執行能力。我們也注意到，有明顯注意力缺失問題的兒童也有類似的問題，只是沒有那麼嚴重。由此，我們開始大規模調查兒童的執行能力發展。和其他體系的執行能力研究不同的是，我們的訓練模式想達到一個特定的目標：找出方法，讓父母和老師得以協助表現不佳的孩子發展執行能力。

我們的訓練模式是基於兩個前提：

一．**大多數人都具備某些強項的執行能力和某些弱項的執行能力**。事實上，我們發現執行能力的強弱似乎有共通之處。小孩（和成人）在某些特定能力比較強的話，往往在其他特定能力會比較弱，這種模式是可以預知的。我們想要建立一個模式，可以辨別出這些組合，據此鼓勵孩子善用強項，協助他們面對並強化弱項，以改善整體能力。我們也發現，協助父母辨識自己的優缺點是很有用的，這樣父母才能成為孩子最好的幫手。

二•辨識弱項的主要目的，是要能夠設計出引導的方法，並加以練習。我們想幫助兒童建立執行能力，先調整環境，將引發執行能力薄弱的癥結減到最少，提前預防問題發生。這些執行能力分得愈細，父母就愈容易釐清它們各自的運作功能，要設計改善方法，也就更容易了。愈明確定義問題所在，就愈能找出解決的策略。

我們歸結出十一種能力：

- 反應抑制力
- 工作記憶力
- 情緒控制力
- 持續專注力
- 任務啟動力
- 優先順序規畫力
- 組織力
- 時間管理力
- 目標堅持力
- 變通力
- 後設認知力

這些能力可以用兩種方法來排列分類：發展性（兒童發展這些能力的順序）和功能性（這些能力幫助兒童做些什麼）。了解這十一種執行能力在嬰兒期、幼兒期和在嬰幼期之後顯現的順序為何，有助於父母和孩子的老師明白某個年齡的孩子應有的表現。

幾年前，我們帶過幼稚園到八年級老師的研習營，要求老師們提出兩到三種他們最希望學生具備的能力。低年級老師都把焦點放在「任務啟動」和「持續專注」方面，而國中老師則著重於「時間管理」、「組織」，以及「優先順序規畫」的能力。有趣的是，每個年級的老師都選了「反應抑制」這一項，說他們的學生當中，很多人都欠缺這個能力。一旦你清楚這些技能的發展順序，就不會把時間浪費在期望七歲大的兒子做好十一歲才能掌控的事情。

研究嬰兒發展讓我們知道，反應抑制、工作記憶、情緒控制和專注力，全都在人生最初的六到十二個月就開始發展了。當兒童發現可以得到他想要東西的方法時，就開始發展規畫的能力；等到小孩會走路時，情況更顯著。變通力則展現在兒童對改變的反應上，這可以在一歲到二歲的嬰幼兒身上見到。至於其他能力，像是任務啟動、組織、時間管理，及以目標堅持力，發展得比較晚，分布於學齡前到小學低年級的階段。

明白每一項能力是如何運作的，了解它影響的是孩子的思考還是行為，能讓你知道訓練的目標是去幫助孩子轉換不同的思考，還是轉換不同的行動。舉例來說，如果孩子情緒控制不佳，在他發現弟弟坐在自己的模型飛機上時，你就設法幫助他用言語而不是拳頭來解決問題。事實上，思考和行動往往是相伴而生的，我們經常是在教導孩子如何運用思想來控制行為。

思考技能是被設計來選擇和達成目標、發展解決問題的方法。它能協助兒童想像出目標和通往目標的路徑，也為兒童提供達成目標所需要的資源。思考能力也幫助孩子記住目標的圖像，即使目標還非常遙遠，而且可能有其他事件使他分心，占去他的記憶空間。但為了達成目標，孩子就得去使用第二套技能，讓孩子去做為了完成自己所設定的任務而需要做的事。第二套技能與行為結合，在兒童向目標前進的路途中，指引他的行動。這個組合架構如下：

執行能力的兩種面向：思考和行為

涉及思考的執行能力（認知）	涉及行為的執行能力（行為）
工作記憶力	反應抑制力
優先順序規畫力	情緒控制力
組織力	持續專注力
時間管理力	任務啟動力
後設認知力	目標堅持力
	變通力

如果孩子在早期階段的執行能力都能如期發展，我們就能釐清：

- 想做的事是什麼？
- 該做的事又是什麼？
- 從而計畫或組織任務
- 抑制會干擾計畫的想法或感受
- 為自己打氣加油
- 就算遇到障礙、誘惑或使人分心的事，也還是會把目標謹記在心
- 因應情況而改變路徑
- 堅持努力下去，直到達成目標為止

執行能力發展順序對照表

下面表格列出各項能力顯現出來的順序，以及它們的定義，並且舉例說明各項技能表現在幼小的孩子和大孩子身上，看起來會是什麼樣子。

執行能力	發展時間	定義	案例
反應抑制力（Response Inhibition）	6～12個月	三思而後行的能力。這項能力可以讓孩子避免立即說出或做出什麼事的衝動，讓他有時間評估狀況、推斷自己的行為可能會造成什麼影響。	●年幼的孩子可以等待一小段時間而不搗亂。 ●青少年可以接受裁判的裁奪而不爭辯。
工作記憶力（Working Memory）	6～12個月	進行複雜任務時，記住訊息的能力。這項能力讓人得以汲取過去的學習或經驗，應用於眼前的狀況，或是投射在未來的處境上。	●年幼的孩子可以把一或兩個步驟的指示，記在腦子裡然後照做。 ●中學生記得住多位不同老師的期盼和要求。
情緒控制力（Emotional Control）	6～12個月	管理情緒以達成目標、完成任務，或控制指揮行為的能力。	●年幼的孩子可以在短時間內從失望的情緒中恢復過來。 ●青少年可以管控自己對比賽或考試的焦慮，持續進行比賽或考試。
持續專注力（Sustained Attention）	6～12個月	在注意力被分散、疲勞或無聊的時候，仍然能持續對某個狀況或任務保持專注的能力。	●年幼的孩子偶爾可以在有人監督的情況下，完成五分鐘的家務。 ●青少年可以用一到兩個小時的時間專心做功課，中間有短暫的休息。
變通力（Flexibility）	1～2歲	面對障礙、挫折、新消息或錯誤時，可以調整計畫的能力。它也和配合狀況改變的適應能力有關。	●年幼的孩子可以對計畫中的一項改變做出調整，而不會覺得很受挫。 ●青少年可以接受替代方案，像是第一選擇不可得時，改換別的工作。

	學齡前～小學低年級	
任務啟動力（Task Initiation）	有效率或及時展開既定計畫、不致過分拖延的能力，為了達成目標或完成任務，而設計出藍圖的能力。	• 年幼的孩子可以在指令下達之後，隨即開始被派遣的工作。 • 青少年不會等到最後一分鐘才開始進行計畫。
優先順序規畫力（Planning/Prioritization）	可以針對事情的輕重緩急做出決策。	• 年幼的孩子在有人指導的狀況下，能夠思考哪些選項可以平撫同儕之間的衝突。 • 青少年可以為讀書、找工作擬訂計畫。
組織力（Organization）	可以創造和維持有系統的方法，掌握訊息和物件動向的能力。	• 年幼的孩子可以在有人提醒下，把玩具放在指定的地方。 • 青少年可以整理運動器材並歸位。
時間管理力（Time Management）	這項能力讓人可以估算出自己有多少時間、如何分配時間，以及如何不超過既定的時間限制或截止期限。它也涉及到能夠明白時間的重要性。	• 年幼的孩子可以在成人所要求的一定時限內，完成一個簡短的工作。 • 青少年可以設定出符合任務所要求期限的時間表。
目標堅持力（Goal-Directed Persistence）	這項能力讓人有目標、並持續完成這項目標，不會被牴觸目標的其他興趣分心或拖延。	• 小學一年級的學生可以為了能夠在下課時間出去玩而完成工作。 • 青少年可以持續打工存錢，好去買一個重要的東西。
後設認知力（Metacognition）	退一步看，站在宏觀角度面對自己的處境，觀察解決問題之道的能力。它也包括了自我檢視和自我評價的能力（例如，問自己：「我現在好不好？」「我做得如何？」）。	• 年幼的孩子可以因應大人的回饋而改變自己的行為。 • 青少年可以藉由觀察其他能力表現更好的人，檢視和判斷自己的表現，進而加以改善。

這些能力可以運用於小到在限制時間內完成十片拼圖，或是大到改建住家的大工程。不管我們是三歲或三十歲，都是用同一套以大腦運作為基礎的執行能力，來達到目標。

隨著孩子成長，這些執行能力不斷進步。孩子兩歲時，走在人行道上得緊緊握著他的手；四歲時，只需要輕握牽手；再過幾年，就會讓他自己過馬路了。在每個階段，你會留意到孩子的執行能力（邁向獨立的能力）一路都在成長。但為什麼有些孩子會跟不上呢？為什麼無法發展到足以掌控自己的行為，或是在無人指引下解決所有面臨的問題？

遺傳、環境與生長經驗，都會影響執行能力發展

兒童的執行能力是怎麼來的？和許多我們所擁有的能力一樣，執行能力主要是靠生物學演化和經驗的累積。從生物學來看，執行能力的潛能是天生的，在出生時就存在了，但這只是一種潛在的能力。意即大腦中存有讓這些能力發展的生理裝備，但影響這些能力發展的生物因素很多。兒童腦部受到重大創傷或生理上的創傷，尤其是額葉部位受創，都會讓技能發展受到影響。

孩子從父母親遺傳的基因，也會影響這些技能。如果父母的專注力不佳或組織力不好，小孩也有可能會在這些領域出問題。如果「環境毒素」對孩子生理上形成毒害，從鉛中毒到受虐都算，那麼孩子為執行能力所苦的可能性也會增加。不過，假設孩子的生理裝備正常合理，也沒有基因或環境上的創傷，他的腦發展就可以如預期進行。

腦神經的成長＋修剪＝學習執行能力

小孩剛出生時的頭腦重量約為三百六十八公克。到了青少年後期，腦的重量會增加到將近一．三六公斤，這個數字的增加涉及到很多轉變：

首先，腦神經細胞快速成長，如果要進行思考、感覺或行動，這些神經細胞必須進行傳輸，才能「彼此交流」，神經細胞發展出分枝，即軸突（axons）和樹突（dendrites），在嬰幼兒時期生長得特別快速，而能輸送和接收其他神經細胞的訊息。

同樣在最早期發展的階段，一種名為髓鞘（myelin）的物質開始在軸突周圍形成一層脂肪膜，形成承載神經訊息的分枝，讓神經細胞之間更快、更有效地「溝通」。髓鞘形成會一直持續到青春期後期乃至成年期初期，組織成「白質」（white matter）。白質含有許多束軸突，能連接腦部不同區域，相互交流。

接下來談的是「灰質」（gray matter）。灰質是由神經細胞或神經元所構成，它們之間的連接稱為突觸（synapses），這一類的腦物質發展比較複雜一點。

懷孕五個月起，腹中胎兒的腦神經元估計約有一千億個，和成年人的平均腦神經元數量相當。幼兒期的腦內突觸數量（大約一千兆）大大超越成年人腦內突觸量。如果灰質以這種步調發展，成年人的腦會變得非常巨大，不過，灰質的增加在五歲到達頂峰，然後就逐漸減少，開始對神經元連接進行「修剪」。灰質的增加，起始於幼兒期快速學習體驗的階段，最近的腦部研究指出，這種學習和技能發展會愈來愈有效率，額外增加的灰質反而會削弱新的學習。

透過不斷地修剪多餘或用過的灰質連結，兒童建立了心智技能。這段鞏固期會一直持續到

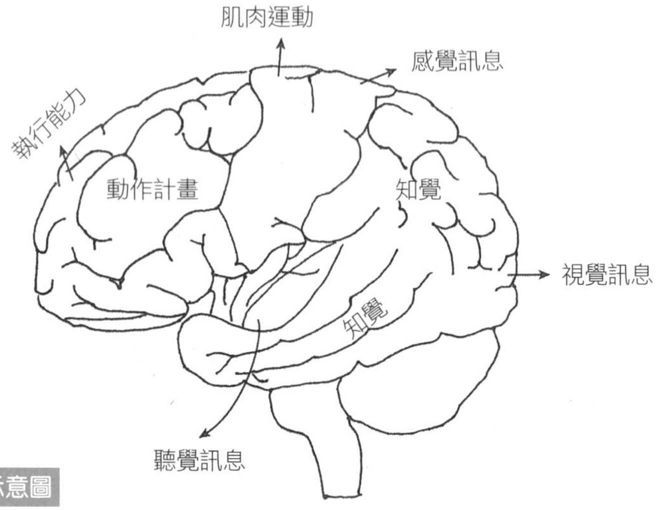

大腦主要功能分布示意圖

十一、二歲（第二個灰質明顯成長期），這段成長期被認為是另一波快速學習和發展的開端。在灰質增加之後，緊接著又會在青少年階段歷經另一波的修剪。

研究顯示，在青春期來臨前，執行能力發展關鍵期的成長迸發主要在額葉（frontal lobes）。科學家大多同意，前腦在執行能力發展中扮演了關鍵角色，所以我們可以有把握地說，包括額葉皮質區和前額葉皮質區在內，以及其鄰近相連的區域，構成了大腦執行能力的基礎。情況顯示，在前春青期，大腦為了發展執行能力，以及因應這個階段對執行能力的重大需求，正在做準備。上圖是大腦主要功能的分布概況，執行能力位在腦前額葉皮質區一帶。

額葉功能與執行能力的成長發展息息相關

美國國家心理衛生研究所的研究人員也認為，在這段期間，在額葉部位可能也出現一種「用進廢退」的過程；使用過的神經連結會被保留下來，沒有用到的就會被丟棄。若情況確實如此，勤於練習執行能力就相當重要。這表示勤於運用執行能力的孩子，不但是在學習自我管理（獨立），同時也處於腦結構發展的過程之中，使得執行能力發展得以邁入青春期後期和成年期。

練習執行能力很重要的另一個理由，是運用ｆＭＲＩ（功能性核磁共振造影術）進行腦研究的研究者發現：兒童和青少年在進行那些需要運用執行能力的任務時，大都依賴前額葉皮質區做好所有工作，較少把工作量分配到腦內的其他專門區域去。腦內的特定區域像杏仁核（amygdala）和島葉（insula）會在安全和生存受危害必須快速做出決定時（「戰或逃」的反應）才被刺激而運作。成年人則恰恰相反，他們可以把部分的工作量分出去；這是因為成年人的神經通路已有多年練習，所以才能夠這麼做。兒童和青少年要強化執行能力，投注的努力要比成年人多更多，這或許也說明了為什麼他們平常做事時，比較不會用到自己的工作記憶。

這就是父母和孩子的老師可以介入協助的地方。童年時期顯然是師長強化兒童執行能力發展和學習的重要機會。

大腦是非常複雜的器官，而從腦部顯影研究得到的證據也不斷指出，除了前額葉皮質區之外，還有其他區域涉及執行能力的發展。但前額葉區是大腦完全發展的最後區塊之一，它們在青春期後期或成年期初期發展，而且是掌管訊息、決定行動的共同最終路徑。額葉的功能既然那麼重要，腦內結構對執行能力發展的重要性當然也就不在話下：

❶ **額葉指揮我們的行為，幫助我們決定應該注意什麼、應該採取什麼行動。**例如：七歲的孩子看到哥哥在看電視，他想坐下來和哥哥一起看，但決定應該先把手上的雜事做完，因為他知道如果沒有做完，爸爸會不高興。

❷額葉與行為相連結，所以我們可以運用過去的經驗來引導行為，並且為未來的事預做決定。例如：十歲的孩子記得上星期清理過自己的房間後，媽媽准許她帶一個朋友回家吃披薩。這次她決定先把房間給整理好，這樣就能再請朋友來家裡吃披薩。

❸額葉幫助我們控制情緒和行為，在我們為了滿足需要和欲望而工作的時候，它能把內外在的約束和限制一併考慮。藉由規範情緒和社交上的互動，額葉幫助我們在滿足需求的同時，既不給自己，也不給別人找麻煩。例如：母親告訴六歲兒子，可以在遊戲販賣部買一款電動遊戲，但是他想要的遊戲店裡沒有賣。他雖然生氣，但並沒有在店裡鬧脾氣，是因為想讓媽媽答應他可以去別家店買。

❹額葉觀察、評估、微調，讓我們糾正自己的行為，或是根據回饋選擇新的策略。例如：十二歲男孩沒參加班上的戶外教學，因為他忘了交家長同意書。他下一次會記得要爸媽在同意書上簽名，而且會在同意書要交回學校的前一天晚上，確定把它放在書包裡。

生理發展對兒童的影響不曾消失，但發展執行能力有賴更多的努力。因為，第一，我們知道執行能力對獨立生活極其重要，所有的父母都會把獨立自主當成孩子成長的基本目標。第二，剛出生時，執行能力還只是一種潛能，新生兒並不具有實際的執行能力。第三，額葉和隨之而來的執行能力，需要十八年到二十年，或更久的時間來發展齊備。基於這些因素，兒童不能單單只靠自己的額葉來規範行為。要怎麼做呢？把我們的額葉借給他們用。

在孩子還無法自主時，父母把自己的額葉借給他！

在人生最初階段，孩子的大腦發揮不了什麼作用，父母等於是孩子的額葉。父母替孩子籌畫安全而合適的環境，監督孩子的情況（睡眠、飲食）、展開互動交流、在孩子受挫時解決問題。孩子在新生兒階段沒什麼行為可言，充其量就是哭和睡，這就是他過日子的方式，他完全活在當下。不過，到了五、六個月大時，小寶寶開始發展一些能讓自己愈來愈獨立的技能——寶寶更有意識了，雖然這些早期出現的轉變不是一眼看得出來，但對孩子來說，卻是強而有力的變化。

父母的提醒結合孩子的工作記憶，讓執行能力逐漸鞏固、內化

工作記憶（Working memory）是在五、六個月大時發展出來的一項新技能。還沒有得到這項能力之前，小寶寶只能回應當下所看到、聽到、觸摸到、嘗到的事物，一旦他會認人、記得住事情或物件，即使時間很短暫，但寶寶的世界變大了。只要他醒著，這項能力就伴隨著他。他可以開始做選擇和「下決定」。比方說，如果媽媽離開以後沒有立刻回來，寶寶可能會哭著望向原來他見到媽媽的地方，媽媽也許就會回來。如果媽媽回來了，寶寶在某種程度上就會「了解」到：「如果媽媽走開，我又想要她回來，那麼我哭，她就會回來。」

隨著資訊和經驗增加，工作記憶讓孩子得以回想過去，套用在現況裡，並猜測會發生什麼事。例如，假設孩子現在十一歲，他可能會對自己說：「上星期六我幫忙洗衣服以後，媽媽和我就有時間去泳池玩。我要去問她，如果今天我幫她做家事，可不可以比照辦理。」如果是十七歲的孩子，可能就會說：「如果老闆要我明晚來上班，我得說我不能來。上次我在學校考試前一天

上班，沒時間複習功課，結果考得很糟。」

小寶寶把媽媽叫回來的工作記憶，和十一歲或十七歲大孩子的工作記憶相比，顯然差得很遠。不過，他能夠把媽媽的影像記在腦海裡，讓我們看到了這項能力的開端。為了協助他發展出工作記憶這項能力，父母可以提供孩子一些特定類型的經驗，例如，給小嬰兒那種用手操控的「因果」玩具，只要他做個動作，像是打打玩具，玩具就會動一動或是發出聲響；也可以把玩具變「不見」了，要寶寶找找玩具在哪裡，等到他可以爬或走時，就可以要他把玩具拿回來，或是找尋一些東西。**當孩子開始懂得語言，藉由記住父母的指示，重複地向他說明規定，他就能夠開始管理自己的行為。再過一段時間，問他一些問題，像是「你為什麼想要做這件事？」或是「上一次你是怎麼做的？」**

很明顯地，在幫助孩子獲得技能的早期階段，大部分工作都是由父母來做；包括給小寶寶玩玩具、設計他可以參與的遊戲和活動。等孩子動作更豐富、會說話，比較不那麼依賴，父母也就不必亦步亦趨。事實上，透過把父母的話和行動結合成工作記憶，孩子已經開始內化執行能力！

反應抑制保護了小孩的安全、也比較不會分心

隨之而來的，是在嬰兒期大約同一時間開始發展的另一項關鍵技能：反應抑制（Response Inhibition）。這個要不要回應某人或某事的能力，是規範行為的核心。我們都很清楚，如果孩子想都沒想就去做了什麼，會惹麻煩；若看到有些孩子面對誘人的東西，卻沒有立即動手碰觸或拿走，我們會很佩服他們的自制力。和工作記憶相同的是，當嬰兒在大約六個月左右開始發展這種技能時，我們其實看不出什麼明顯改變。但是在六個月到十二個月大之間，小寶寶抑制反應的能

力驚人成長：九個月大的寶寶爬向在隔壁房間的媽媽，如果是一、兩個月以前，他爬到半途可能就會因為看到一件喜歡的玩具而分心，現在的他會忽略玩具，一路向媽媽那兒爬去。同樣是在這個階段，寶寶開始保留了某些情緒反應，看情況才表現出來給人看。

我們大多遇過和這種年紀的小嬰兒交手的經驗：他們可以完全不回應你，有時候甚至還調頭走開。這像不像是在拒絕你呢？正是在這麼幼小的年齡，小寶寶開始學到回不回應特定的人或情況所產生出的強大效果。三、四歲的孩子碰到玩伴搶玩具時，改用「動口不動手」的方式，就是顯現反應抑制的能力。至於九歲的孩子追球追到馬路前方會停下來左右看看，這也是反應抑制。而十七歲大的孩子顯現的反應抑制，則可能是朋友提了「看看這玩意兒能跑多快」的建議時，自己仍能把車速控制在時速限制範圍之內。

做父母的我們都很清楚反應抑制的能力有多麼重要：要是孩子沒有它就會很危險，也常會和權威的一方起衝突。當孩子還是小嬰兒，尤其開始會爬以後，父母會把額葉借給他，用門、柵欄和兒童安全鎖，或把危險物品放在他拿不到的地方，為他設定界限，貼身監督他的一舉一動。毫無疑問地，你有些時候用一些字眼一大叫「不可以！」或「小心燙！」，在某些情況下你還可能會讓他自己承擔一下結果，看看他會不會學乖。也有些情況是你根本措手不及的，像是孩子突然碰到了很燙的東西，或是從沙發上跌下來。隨著孩子發展，有些風險會減低；例如，他發展出可以安全上下樓梯的能力，樓梯的危險就小了些，但出事的機率還是有的。

除了設定界限，我們也開始教導孩子替代行為（摸貓咪而不是抓牠尾巴、用說的而不是用打的）。在工作記憶的幫助下，兒童開始模仿父母的言行，把它們變成自己的一部分。父母依據自己的觀察，開始從遠一點的距離監督他，把限制放寬，增加說話的詞彙，並開始尋找學習機構，例如學校，協助教導他這項技能。因為我們知道，獨立和自我管理是最終的目標，所以會不斷嘗試在自由和監督之間求取平衡。不過，**把額葉借給小孩這件事，包含了兩種元素：建構環境和直接監督孩子**。

小孩藉由觀察父母的行為，學著照著做，並且一再重複，他會開始學習和接受這些技能。在日常生活中不斷持續，加上對他抱持著合理的期待，這些都很有幫助。我們也會指導孩子使用語言，隨著時間的累積，孩子學會運用它。剛開始他會自言自語，好規範自己的行為。過了幾年，經驗多了，這些話會變成他內在的聲音，只有他自己才聽得見。我們並不打算永遠充當孩子的額葉，當他們發展出內在的聲音，內化了這些技能，我們的角色分量會自然減少。

為什麼有的孩子缺少特定的執行能力？

一個可能性是注意力缺失／過動症（ADHD）。如果你的孩子被診斷是過動兒，你大概已經知道孩子是哪些執行能力受損嚴重。研究人員漸趨一致的論點是，注意力不足過動症乃是執行能力失調。其中，羅素・巴克里（Russell Barkley）認為，過動症是自我規範能力不足；而在諸多受影響的執行能力中，反應抑制是最主要的一項，它還會影響到其他執行能力的發展。其他研究者雖然研究重點不同，但也都同意**過動症兒童的某些執行能力會受損，而主要受損的執行能力是反應抑制、持續專注、工作記憶、時間管理、任務啟動和目標堅持**。雖然其他執行能力也可能會受影響，但是過動症兒童在青春期之前，父母和老師可能會發現他們這些能力明顯比較差。

基於這些新發現，大腦研究逐漸相信，過動症兒童前腦組織的物理及化學結構與一般兒童不同樣。有些過動症兒童是「發展落後」，要花更長的時間才能讓他（和他的腦）成熟，有的可能比同儕晚了兩、三年。但是部分過動症兒童卻可能永遠不會發展成熟，這方面的缺陷會持續到成年。

很重要而且需要釐清的一點是，即使未被診斷為過動症或其他臨床問題，兒童的執行能力發展情況也會有所不同。無論是哪一組執行能力組合，每個人通常都是有強也有弱。

你一定見過那些老是忘了自己東西在哪裡的「糊塗大師」吧？像這樣的優缺點模式，其實是極其正常的發展變化。但如果這種事影響了孩子在學校、家裡、與人交往、競賽，或任何造成兒女成長的阻礙，我們就有理由採取一些行動。要在這個複雜的世界獲得成功，執行能力顯得愈來愈重要，所以，若你的孩子和本章一開始提到的凱蒂很像，或者在別的方面漫不經心，就值得你花時間去激發孩子的執行能力，而且你將發現這些努力是值得的。

小孩子散漫的方式林林總總。患有過動症的兒童和那些組織、工作記憶、時間管理較差的兒童，都「散漫」得非常明顯；他們似乎迷失在時空之中，或總在某個時空裡忘了什麼，做起事來就是很沒效率。有些孩子是情緒性散漫，感覺支離破碎，偏離了情緒的常軌，阻擋了有效解決問題的能力。又或者他們對周遭的事情反應太過衝動，以致無法好好把手邊的工作做完，這些孩子也很散漫。他們需要有人協助他們管好情緒、回歸常軌，把事情做完。

第2章 辨別孩子的強項和弱項，確認需要協助的地方

若習慣從執行能力的觀點著眼孩子的成長，大人便可以清楚看到孩子一路都在學著做決定、演練逐步發展的執行能力。看學校老師如何為孩子劃定界限、提供成長空間，你會更加了解執行能力的發展。

不同年齡的孩子，有不同執行能力發展的重點

幼稚園階段 反應抑制和情緒控制

一個良好的學齡前教學計畫，會在孩子上學時安排他們熟悉的節奏和步調，讓他們有機會進行團體活動，也有機會自由玩耍。團體活動的時間會安排較短，因為這個年齡的小孩集中注意力的時間比較短暫，通常老師一次也只下一、兩個指令，因為這個年紀的孩子記住複雜指令或多重步驟的能力還有限。老師會替孩子們準備教材、教具，因為他們還無法為自己安排工作。好老師會要求他們幫忙收拾東西，而且老師明白自己得在現場盯著孩子們做這些事。

自由玩耍的時間讓孩子有機會獨立練習自己的執行能力。兒童在此時運用計畫和組織能力，想出遊戲、決定遊戲規則。他們藉著輪流、分享玩具、允許別的孩子帶領等，來訓練自己的彈

性。**自由玩耍過程中的社交互動，將讓兒童學習到控制衝動和情緒管理。**只要老師為孩子設定一些簡單的行為規則（不准在室內跑跳或高聲喧譁），經常查看大家有沒有遵守規則，這些能力就會在遊戲中強化。

一、二年級階段 任務展開、持續專注

到了小學一年級，老師對於學生在教室內的行為規範，可能會和體能活動、午餐時間或下課時間的行為規範不同。這個年齡的兒童比較能夠調整自己的行為，適應不同的狀況。比如，下課時和同學笑得很瘋無所謂，但上課就不可以這樣。老師也會擬訂一些例行事務來幫助孩子學會展開任務、持續專注，把事情給做好。老師會要求孩子在特定時間開始工作，在一定時間內專心完成某些任務，並清楚地說明學生應該完成什麼和在多久之內完成。

三、四年級階段 工作記憶能力

隨著孩子一年年長大，老師會逐漸增加需要完成的工作量，每項工作可能也必須花更久的時間完成。**這個年齡的孩子對工作記憶能力的需要，比學齡前兒童大得多。**老師會指派家庭作業、發家長同意書給學生讓家長簽名並交回，或者要求在學校訂餐的學生，記得把午餐費帶來學校。當然，在這段時期，你也會幫忙孩子檢查書包，確定該帶的東西都帶齊了。

五、六年級階段 組織計畫能力、後設認知和變通力

到了小學高年級，老師的指導風格主要是在幫助孩子發展組織計畫能力。學童要知道課本在

哪裡？筆記應整潔有序、保持課桌椅乾淨。老師也會開始出長期作業，要求孩子在一定時期內按步驟完成。學校的作業範圍變得更海濶天空，需要學生運用後設認知和變通力來解決問題，並思考多種可能的解決方式。

七、八年級階段 挑戰更多，父母與師長仍可協助孩子發展執行能力

一旦孩子上了中學，運用執行能力的需求大增，而且在很多情況下，我們會天馬行空地探討問題。我們在第一章裡曾經說過，在大約十一、二歲，也就是中學開始的階段，腦部開始了新一波快速發展期。**腦部快速發展的早期階段，既不平均又難以預測，加上青春期開始，這也表示父母的指導、鼓勵和支持對他們極其關鍵。**

對大多數孩子來說，中學是他們第一次同時面對多位老師的開始——作業該如何進行？筆記本如何整理？功課該什麼時候交？不同的老師各有不同的期許和要求。對於工作記憶、計畫、組織、時間管理的需求也相對增加。我們來看看一名中學生被要求要做到哪些事情：

- 記得寫下功課內容。
- 記得作業做得如何、知道自己的文具（筆記本、文件夾等）放在哪裡。
- 知道每天要帶什麼東西回家、帶什麼去學校。
- 規畫和檢視長期作業，包括把它分成幾個工作項目，設定截止期限。
- 計畫安排工作和所需時間；包括估計要花多少時間完成每天的功課和長期作業。
- 記住其他的責任義務和屬於自己的東西——運動服、午餐費、家長同意書等等。
- 管理好「換教室」的複雜性；包括帶不同的東西進不同的教室、不同的老師有不同的管理

風格和要求。

父母該怎麼做呢？如果能夠完全不用督查孩子的功課最好，因為從這個時候開始，孩子們會希望從父母的監控中，找出更多獨立自主的空間。有的孩子發展出的執行能力讓他擁有高度自我管理的能力，但這不是每個人都能做得到。你會知道孩子的能力如何，如果他屬於「一時還做不到」的那一群，你仍得每天檢查他的功課，協助他記住長期作業（例如在月曆上頭標記出作業的期限），問他打算如何準備考試，也許還可以給他一點建議。

多數老師擬訂授課計畫時，腦子裡並不會刻意想到執行能力的發展。老師和家長對於在什麼年齡可以要求孩子什麼，多少都有粗略的體認，也會以此設定標準。老師們通常受過較多兒童發展相關的正規教育，而我們也相信，如果老師明白執行能力在增進兒童學習獨立和自我規範方面所扮演的角色，了解自己正在激勵執行能力的發展，老師們應該可以做更多。他們可以明確教導孩子執行能力，設計出各種問題和提示，融會貫通在指引當中，進而強化執行能力的發展。

父母可以跟學校老師學習管理策略

想像一下學校老師每天按表操課，怎麼指示孩子每天的活動？他們給孩子下了什麼明確的指令？他們如何檢視學生的表現、確定學生都能明白並遵照指示完成作業？想一想他們如何管理教室，讓孩子們更容易進行日常生活中的例行事務？如果你很忙，還要你一整天視察孩子的執行能力有無進展，當然不切實際。但如果你的孩子似乎缺少某些重要的執行能力，你或許會發現，在家裡運用老師的一些策略來管理孩子，是有幫助的。

說起來，父母扮演的角色可能比學校老師還重要。因為在家裡需要運用執行能力的地方，和在學校一樣多。想想看，整理房間、控制脾氣、因應計畫改變、知道自己的東西在哪裡……一名學校老師要管二十、三十名學生，不可能期望他對每個學生提供個別的幫助，親子比例當然就好太多了。把自己想成是輔導孩子發展執行能力的私人家教，父母不需要為了當這種家教去上兒童發展課程，但你得明白正常的執行能力如何發展、你的孩子屬於發展過程中的哪個階段？而這就是本章所要討論的重點。

如何判斷孩子的執行能力是否到位？

你的小孩通常都能符合學校的要求嗎？

首先，如果你的小孩在學校表現通常很平順，成績尚可，也能履行學校要求的各種功課和責任，那他的執行能力可能發展得不錯。當然，孩子仍有可能在學校表現不錯，在家裡卻不是這麼回事；也許這正是你會讀這本書的原因。會有這種現象，什麼原因都有可能。家裡不像學校那樣按部就班，家裡的壓力比較多（兄弟姐妹之間的摩擦），也可能是父母對孩子執行能力運作發展的期盼不符合孩子實際的發展現況（可能期盼過高或太低）。父母本身執行能力的缺點，也可能讓家裡變成了對孩子挑戰比較多的地方。（我們在第三章會談談父母與孩子相互契合的好處）

想要清楚孩子的執行能力，你必須先知道不同年齡的兒童一般會被要求負起哪幾類的責任義務。下面的表格，列出兒童在不同年齡需要執行能力完成的任務有哪些；他們通常可以靠自己或在成人的監督之下執行這些任務。

兒童不同年齡層須具備的執行能力任務對照表

年齡層	發展任務	主要執行能力
學齡前	● 做好大人差遣的簡單雜務（如：把你的鞋子從臥房拿出來）。 ● 在有人協助下，整理好房間。 ● 在有人提醒下，執行簡單家務和自己完成任務。 ● 不碰觸熱鍋爐、不跑到馬路上、不搶別人的玩具等等。	工作記憶力（第12章） 組織力（第17章） 任務啟動力（第15章） 反應抑制力（第11章）
幼稚園～二年級	● 做大人差遣的雜務（有兩到三個步驟的指令）。 ● 把通知單從學校帶回來，再交回去。 ● 整理房間。 ● 執行簡單家務、自己完成任務，可能需要人提醒。 ● 完成回家功課（最長二十分鐘）。 ● 決定如何花錢（零用錢）。 ● 遵守安全規定、不辱罵人、課堂上說話前先舉手。	工作記憶力（第12章） 工作記憶力（第12章） 組織力（第17章） 任務啟動力（第15章） 持續專注力（第14章） 目標堅持力（第20章） 反應抑制力（第11章）
三～五年級	● 做大人差遣的雜務（可能涉及有約定的時間段或較長的距離）。 ● 把書本、通知單、作業帶回家，再交回學校。 ● 離家之後還記得自己的東西放在哪裡。 ● 整理房間（可能包括掃地、除塵等）。 ● 執行需要費時十五到三十分鐘的家務（如：收拾餐桌、掃落葉）。 ● 完成回家功課（最長一小時）。 ● 為簡單的學校作業擬計畫，例如做讀書心得報告。 ● 記住有變化的日常作息時間表（如：放學後不同的課外活動）。 ● 老師不在教室時仍能約束行為、克制發表魯莽的評論、不亂發脾氣。	工作記憶力（第12章） 工作記憶力（第12章） 工作記憶力（第12章） 組織力（第17章） 持續專注力（第14章） 時間管理力（第18章） 優先順序規畫力（第16章） 變通力（第19章） 反應抑制力（第11章）

六～八年級

- 幫忙做家事，包括日常的責任義務和偶爾做些差事，這些差事可能花六十至九十分鐘完成。
- 看顧幼小的弟妹或兼差當保母。
- 有系統地安排學校功課，包括整理參考書、筆記本等等。
- 遵守複雜的學校作息，依據時間表不斷地跑教室、換老師。
- 計畫並執行長程作業，包括等待被完成的任務和有待遵行的合理進度表；也許還得同時計畫多重大型計畫。
- 計畫時間，包括課外活動、回家功課、居家義務；估計要多久時間來完成，並據以調整作息時間表。
- 即使沒有權威人物在場，也不違反規定。

工作記憶力（第12章）、組織力（第17章）
任務啟動力（第15章）
變通力（第19章）
優先順序規畫力（第16章）
時間管理力（第18章）
反應抑制力（第11章）

和別家的孩子相比呢？

拿孩子的朋友或同學來稍做比較，可以粗略評估你家孩子的執行能力發展是否正常。不過別忘了，所謂正常發展有其幅度範圍。好比我們不會期待每個嬰幼兒都在十二個月大左右開始走路、在十八個月時組合出字句來；其實，只要處於在平均範圍都算正常。

如果父母覺得自己小孩的執行能力發展可能比較遲緩，可能得和孩子的班級導師談一談，或是問一些認識你家孩子的人有什麼看法，或許可以獲得一些具體的回饋。老師手上也會有既定的常態群組可以和你的孩子做比較——尤其是這位老師曾在同一年級教學多年。父母也可以找小兒科醫生談談，若擔心孩子的執行能力弱項可能和注意力不集中有關連，醫生的觀點會很有幫助。

孩子在執行能力上的優缺點，有可辨識的模式嗎？

有些兒童各項執行能力全部落後，但較普遍的情況是有強也有弱。兒童如此，大人也一樣。第一章提到，某些特定的強項或弱項會同時出現。舉例來說，反應抑制力較弱的兒童，情緒控制力通常也較弱；這些沒有經過思考就行動、反應情緒的孩子，也很可能會說出一些愚蠢的話、稍微一被激怒就大發脾氣。至於變通力不足的兒童，情緒控制也可能比較弱，一有什麼臨時狀況出現就崩潰了。有些時候也會出現這三種執行能力（反應抑制力、情緒控制力、變通力）全都比較差的兒童。如果你家孩子就屬於這一種，那麼日常生活諸事對孩子來說，正是一連串的考驗和磨難；可想而知，父母既要試圖掌控他們，還得保持冷靜，是多麼困難的事情。

還有一些經常看得到的組合。幼小的孩子如果任務啟動力較弱，往往持續專注力也差；他們不只會慢吞吞地做功課，也可能功課還沒做完就溜了。通常這些孩子目標堅持力也不佳。不過我們發現，如果目標堅持力相對較強的話，可以鼓勵孩子運用這項能力，協助調整「任務啟動」和「持續專注」方面的缺點。另一個常見的組合是：時間管理和優先順序規畫。時間管理和優先順序規畫能力強的孩子，很少在處理長期作業上出問題。不過，如果孩子這些能力比較弱，不但搞不清楚該從哪裡開始著手，可能也不明白要從什麼時候開始才好。

最後，我們發現工作記憶和組織管理這兩種能力是相互關連的。有些孩子可以用其中一種技能來彌補另一種技能的不足（房間再亂也無所謂，因為你記得東西放在哪裡）。不幸的是，工作記憶弱的孩子絕大多數組織能力也很弱。父母得幫著他們預留更多時間來做好準備。

有條有理但容易生氣的哥哥，和拖拖拉拉但有創意的弟弟……

哥哥的強項

傑若米十三歲，是個認真的學生。筆記本井然有序，一回家就開始做功課，而且一鼓作氣做完。要是有長期作業，他會很緊張，覺得非得從作業發下的第一天就開始不可。雖然一切聽起來很完美，但傑若米的問題是，他得管理好自己的緊張情緒。

哥哥的弱項

如果東西放錯地方，或忘了把考試要用的書帶回家溫習，他就很有可能崩潰。而且，他最討厭老師出那種需要發揮創意的作文功課；他想不出有什麼東西可寫，就算好不容易想出什麼點子，也不知道接下來還能多寫些什麼。

弟弟的弱項

傑若米十一歲的弟弟傑生截然不同。他把做功課看成是一種負擔，能不做就不做，不然就是草草做完，他的書包亂成一團。儘管數學、拼字這類的日常功課快把他給逼瘋了，

弟弟的強項

但他很喜歡做那種沒有標準答案的作業。他的想像力豐富，碰到科幻小說的話題可以一談就是好幾個小時。需要找出解決問題方法或如何讓狀況運作得更好的科學作業，對他來說十分有趣，他甚至不覺得那是功課。

專家分析

明白執行能力的彼此關聯，有助於擬訂協助孩子的方法

傑若米發展得最好的執行能力——任務啟動、持續專注、時間管理——這些似乎是弟弟最

弱的項目；反過來，傑生的強項——變通力、後設認知、情緒控制——則是傑若米的弱項所在。在擬訂協助孩子的方法時，明白執行能力通常怎麼相互關聯會很有用。**重視某一個弱項的策略方法，對另一項弱項往往也能產生正面的作用。**如果我們能幫助傑若米更變通地處理一些難題，也許可以讓他更有效管理自己的情緒。如果我們能讓傑生不再拖拖拉拉地進行沉悶無聊的工作，或許他就會有更多時間或精力來完成任務。

放大孩子的優點

現在，你可能已經知道該怎麼精確形容孩子執行能力的強項和弱項。完成評量表，父母就可以確認對孩子的評估。發展良好的執行能力，在不同年齡表現也會大不相同，所以我們針對四個不同的年齡層（幼稚園、一～三年級、四～五年級、六～八年級），設計出四種問卷調查表。

這些評量的某些項目相當明確（如：可以完成需時十五到二十分鐘的雜務），也有一些得靠判斷（如：對於不在計畫內的狀況調適良好）。要是不確定怎麼給分，不妨想想其他和你家孩子同齡的小孩，或是回想一下家裡年紀大一點的孩子，以前在同一個年齡時的情況如何？

父母要如何運用這些資訊來幫助孩子？先看看孩子的執行能力強項所在。在協助孩子更有效率時，他的強項技能應該會讓你好過很多。我們稍早曾提過一個例子，即運用目標堅持力來克服任務啟動和持續專注的問題。另一個例子將會運用孩子的後設認知能力，幫助他解決因為其他執行能力薄弱而衍生出的問題。

同樣地，父母也可以和孩子溝通他特別擅長的能力，讓他能善用自己的強項。比如說，你女兒具有良好的任務啟動能力，要是她因為運用這項能力而受到讚美，她可能會因此而表現得更棒。你可以和她說：「我喜歡妳在吃晚飯前就開始做功課。」

也許，你家孩子最強的那幾種執行能力，成效並不太明顯（平均總分為九分或以下）。不過，每當孩子有效運用這些能力時，你就誇獎他，這就能為他的這些能力打下根基。如果你家兒子的反應抑制力不佳，那麼，當弟弟把他的樂高玩具弄亂時，誇獎他可以「按捺自己的怒火」，就可能幫助他改善這項能力。

表揚孩子使用執行能力，不只能用在他相對較強的能力。任何時候，只要你看到孩子善用了任一項技能，好好地讚美他，就可以更加奠定這項能力。這恐怕是想幫孩子鞏固能力、讓他們行為合宜的父母和老師們，最沒有充分運用到的策略了。（第八章會對此做更深入的討論）

關注孩子的缺點

現在看看你家孩子執行能力的弱項所在。想想孩子惹出麻煩、或讓你特別火大的事，孩子最弱的執行能力可能就是這個。兒子老是忘記把該帶的課本帶回家，或者常把昂貴的運動器材忘在運動場或朋友家。若是在這種狀況，工作記憶可能就是他執行能力比較弱的地方。如果你女兒亂糟糟的臥房是你和她起爭執的主因，而她總是發了狂地在書包裡翻找講義或課本；那麼組織力可能正是她的一大挑戰。

所以，你該對孩子的弱點做些什麼呢？本書第三部分將逐一討論每種執行能力，概括探討協助的策略方法。這些方法可以把執行能力弱項的影響控制到最小，或者幫助孩子改善並運用這些能力。你或許會很想先跳去看那些章節，但是下一章就會提供一些可用的方法。

無論如何，在你躍躍欲試之前，我們都鼓勵你從頭到尾依序讀完所有章節。因為前面所奠下的基礎，可以幫助你針對孩子的執行能力發展和他所面臨的難題找到最有效果的協助之道。而在你邁入本書第三部前，我們會對你目前正在處理和面對的事情，提供更多資訊。至於第二部分，則有相當重要且全面性的建議。

學齡前／幼稚園兒童執行能力評量表

★《執行力訓練手札》p337~344收錄有完整年齡階段評量表★

學齡前／幼稚園、一～三年級、四～五年級、六～八年級

閱讀下述各項評語，並依據你家孩子符合各項描述的程度給分。之後，將每個段落的三項分數相加，找出總分最高的三名和總分最低的三名。

5 非常同意　　4 同意　　3 無意見　　2 不同意　　1 非常不同意

（　）1 在明顯危險的一些狀況下，行為合宜（如：避開熱爐子）。
（　）2 能夠與人分享玩具，不會爭搶。
（　）3 能夠在大人指示下等待一小段時間。

總分：______

（　）4 接受簡單的雜務差遣（如：在有人要求下，從房間裡拿出鞋子）。
（　）5 記得別人所下的指示。
（　）6 能一個口令一個動作地遵行兩個步驟以上的例行事務。

總分：______

（　）7 計畫改變或令人失望時，情緒能夠很快復原。
（　）8 別的孩子把玩具拿走時，可以用非肢體動作來解決問題。
（　）9 能夠在團體裡玩耍卻不會過度興奮。

總分：______

（　）10 能夠完成五分鐘的雜務（可能需要監督）。
（　）11 能夠在幼稚園的團體圍坐時間，從頭坐到尾（十五到二十分鐘）。
（　）12 能夠坐下來聽一到兩個故事。

總分：______

（　）13 大人下了一道指令後，願意立即服從。
（　）14 會停下手邊遊戲，接受大人指示。
（　）15 在有人提醒下，準備按時上床睡覺。

總分：______

（　）16 能夠先完成一項任務或活動，再開始另一項工作。
（　）17 可以遵守別人提出的計畫或簡短的例行事務（在有人先行示範的狀況下）。

（　）18 能夠完成超過一個步驟的簡單藝術性功課。

總分：______

（　）19 把外套掛在適當的地方（可能需要人提醒）。
（　）20 把玩具放在適當的地方（可能需要人提醒）。
（　）21 在吃完東西後清理桌面（可能需要人提醒）。

總分：______

(　)22 能夠不拖延地完成日常例行公事（需要人提醒）。
(　)23 能夠在提供了某種原因後，加快完成某件事。
(　)24 能夠在時間限制內，完成一件小事（如：在開電視之前先把床鋪整理好）。

總分：______

(　)25 會指揮其他孩子玩耍或假裝在玩些活動。
(　)26 為了想要的東西而碰到衝突時會找人協助解決。
(　)27 為了達到簡單的目標，會嘗試不只一種解決方法。

總分：______

(　)28 可以為計畫或例行事務的改變而做出調整（可能需要事先提醒）。
(　)29 可以從微小的失望情緒中快速復原。
(　)30 願意與他人分享玩具。

總分：______

(　)31 在堆積木或拼拼圖等建構活動中，第一次不成功時，能夠做出些微的調整。
(　)32 能夠發現新的（但簡單的）工具用法來解決問題。
(　)33 會建議別的孩子如何修理某樣東西。

總分：______

能力分析

項目	執行能力	項目	執行能力	項目	執行能力
1－3	反應抑制力	4－6	工作記憶力	7－9	情緒控制力
10－12	持續專注力	13－15	任務啟動力	16－18	優先順序規畫力
19－21	組織力	22－24	時間管理力	25－27	目標堅持力
28－30	後設認知力	31－33	變通力		

孩子執行能力的強項（得分最高的前三項）

1 ______
2 ______
3 ______

孩子執行能力的弱項（得分最低的前三項）

1 ______
2 ______
3 ______

第3章 了解親子執行能力的強弱項關係，才能找出合作的方式

教養案例 3

雜亂無章的兒子和沒有時間感的爸爸……

早上八點半，唐娜十四歲兒子吉姆在一小時前去上學了，她自己也該出門上班了，但她卻發現手機不見了。她記得昨天吉姆和同學去打棒球時曾向她借手機，以便結束時打電話請她接他們回家。吉姆打電話以後，把手機放到哪裡了？現在，她得在吉姆雜亂的房間裡東翻西找。

媽媽的強項

兒子認為媽媽有「潔癖」；洗碗槽裡不留任何髒盤子，總是把客廳茶几上的雜誌疊得乾淨俐落，回收所有用不上的物品。

兒子的弱項

至於吉姆，在唐娜來看，根本是個「懶惰蟲」；他總是忘記該把吃過的糖果紙丟掉，更別說把手機放在固定地方。唐娜瞥了眼吉姆混亂的房間，決定放棄。

女兒的強項

十歲的敏蒂在二十五分鐘前上完舞蹈課，別的小孩都已經被父母接回家了，只有她的爸爸還不見人影。如果是媽媽來接她的話，她就可以確定媽媽一定會比較早到，她和媽媽都是很重視時間的人。當她必須搭校車上學時，她一定會提早十五分鐘準備好。她非常清楚要花多久的時間做功課，也確定自己每天在吃晚飯之前，把功課做完。

然而，爸爸就一點時間感也沒有。他老是遲到，上午離家上班前或晚上離開辦公室前，總會

爸爸的弱項

「還有一件事」。等她看到爸爸的車子，沒等爸爸把車門打開，敏蒂就氣急敗壞地問：「你到哪裡去了？」「嗨！」她的爸爸踏出了車子，挽著她的手臂說：「妳知道我不會把妳給忘了啊。」他用安撫的聲音說：「我只是接了一通電話，講的時間比我原先想的還要久了一些。」

女兒因爸爸的弱項而引發的情緒問題

專家分析

親子強弱項相同，容易同理孩子，但效率不是更好就是更差；親子強弱項若相反，雖容易親子衝突，但更懂得如何互補孩子的弱項

你的強項，可能是孩子的弱項；你的弱項，可能也是孩子的弱項。

聽起來很耳熟，是嗎？如果你的兒子或女兒的執行能力弱點讓你抓狂，很有可能是因為你自己的這些執行能力比較強。

好像若非你大力威脅，孩子便不會開始做功課，要不然就得靠你全程監督，他才會把功課做完；而你卻總是在第一時間就把家務事全都做完，不讓有事懸在心上。唐娜搞不懂為什麼兒子能夠容許自己那麼雜亂無章，那是因為她不像吉姆那樣依賴工作記憶；她也不明白工作記憶在多大程度上，彌補了吉姆所欠缺的組織能力。同理可證，如果你認為比較不喜歡的事就應該立刻去做，而且似乎光憑直覺就明白該怎麼把一項大工程切割分段進行，那麼，當你看到兒子把長期作業拖延到最後一分鐘，對於怎麼開始第一步又毫無頭緒，你的怒火可能會加倍燃燒！

在我們研究兒童執行能力的過程中發現，當兒童和父母的執行能力優缺點組合模式差別很大

時，問題似乎就會顯得比較嚴重。如果唐娜同樣欠缺組織能力的話，她可能會同情兒子的不足，更願意和孩子分享她是如何彌補這些不足的地方。但現在的唐娜只覺得兒子一定是從另一個星球來的人，要想跨越其間的鴻溝、幫助兒子建立他欠缺的能力，也就有些艱難了。

敏蒂無法想像為什麼爸爸不明白守時的重要性，當爸爸的拖延遲到令她沮喪時，她也不容易平靜下來。敏蒂的爸爸認為遲到一下沒什麼大不了，也極少情緒激動，所以，去接敏蒂時總是一再晚到，還很驚訝女兒為什麼反應這麼激動。這對父女不了解彼此，敏蒂在情緒控制上的缺點也沒有受到重視，至少她的爸爸沒有重視它。

當父母的執行能力的強弱項組合和孩子的組合不同時，他們失去了所謂「契合」的機會，這不只增加了日常生活中親子衝突的可能性，父母幫助孩子建立欠缺能力的平臺也因此不存在。你將在第五至第八章中了解到，一旦你開始運用在第三部分描述的協助法，有各式各樣的方法可以讓你幫助孩子彌補、甚至消除他在執行能力上的缺陷。

除非父母了解自己的執行能力強弱項和孩子合不合得來，否則很難知道該從哪裡改變自己的行動。等到你清楚明白執行能力整體的本質為何，也深入了解自己的行事風格，你將會發現你更容易理解孩子，也能更快找出符合孩子需要的協助之道。

說來諷刺，父母和孩子若是強項相同，可以讓你們共同努力把事情做得更有效率，也有助於孩子磨練他的執行能力發展，但這也可能意味著你們親子的弱項可能相同。不過，只要能明白彼此的配合情況，一切好說。

如果你和孩子的弱項相同。這種情況會出現親子關係緊張，這往往是因為你的孩子沒有「青出於藍」，無法抵銷你的弱項所造成的負面影響。例如，你和你女兒的工作記憶都不好，組織能力也很差，這樣一來，要記住如校外教學家長同意書、成績單簽名、帶好足球護具之類的事，就格外困難了。執行能力組合不同的夫妻常常會不對盤，也是因為如此。

如果父母不從了解親子共同的缺點著眼，比方說，你們的持續專注力都不好；當你們倆打算一起完成一項如清理車庫這樣的大工程時，結果就可能讓你們感到加倍挫折，你們得面對對於自己不喜歡做的工作一拖再拖的事實，然後也會相互指責對方的不是。要一眼看出孩子不專心很容易，看出你自己同樣也有不專心的缺點卻比較難；這正是為什麼教你認清自己執行能力弱項的這一章如此重要。明白你和孩子所面臨的挑戰，在你們進行計畫和著手日常事務的時候，就可以發現你倆得以共同合作、用幽默迎接挑戰的方法。

一旦發掘出自己的執行能力模式，你可能還會發現你和孩子的確在某方面契合，而你以前從沒想過，你的某個強項也許先天補足了孩子的某個弱項。拿敏蒂的父親來說，他是個變通力很強的人，要是他清楚自己這項優點，或許就可以想出方法來讓敏蒂明白，在情況不符合期望時，保持變通會有幫助；或許敏蒂會學到，有很多方法能避免讓自己陷入沮喪和失控的狀態。

父母愈了解自己的執行能力強弱項，愈能找出親子合作的方法！

想要了解自己的執行能力優缺點，請進行《執行力訓練手札》第345～348頁的爸爸／媽媽的執行能力評量。這份評量很簡短，而且受限於題目並不多，得出的結果未必能呈現完整的你，但它應該足以讓你對自己的執行能力有些概念，知道自己最擅長的是什麼？最需要努力又是什麼？這份評量運用在成人團體很多年了。我們發現十二項執行能力當中，每項平均得分是十三到十五分（總分最高為二十一分，最高的項目得分和最低的項目得分，平均差距約為十四分，評出來的單項最高分大約為十八分）。這樣的結果顯示，大家大都覺得自己發展出來的執行能力不錯；同時，也都能識別出不同的優點和缺點。

如果你還是不確定自己的執行能力概況，可以把強項和弱項一項項地檢視過一遍，問問自己小時候是不是也有相同的優缺點。如果是的話，它們可能真的就是你內化了的執行能力強弱項。

這份評量表可能會讓你回想起：以前曾是弱項的能力，後來變成了強項，因為你的父親或母親幫助你強化了這項執行能力。回顧你兒時的執行能力，與父母和你的小孩所各自擁有的執行能力比較，將使你對親子雙方執行能力異同的辨識能力愈加清晰。這個練習會幫助你更認識自己，同時了解你和孩子之間該如何配合。

父母變通力強，是親子強弱項組合相反的解藥

你的評量得分在變通力方面是強項嗎？如果是的話，你很幸運，它會解決你和孩子執行能力組合模式相反的問題。有變通力表示你很能調適，比較不會對孩子執行能力的弱項動怒或煩惱。

- 運用自己這項天賦，告訴自己，在孩子執行能力弱項快要讓你抓狂時，放鬆自己。
- 比較不好的一面，是你可能會發現在孩子較弱的領域需要你重視並協助時，你的協助可能不容易落實並持久，以致無法發揮效果。但現在，我們不妨先著重在正面的事情上。

那麼，當這些組合模式浮現的時候，該怎麼辦呢？這裡有一些小訣竅，或許可以讓事情進展得更順利一點。

當你的強項弱項與孩子不同

看看你和孩子能不能達成一些協議，讓孩子願意在他很弱而你很強的地方，接受你的幫助。例如，如果你的時間管理能力很強，你兒子則否，他可以接受你的幫助，一起估算出要花多久才能寫完讀書心得報告，並據此規畫時間安排。不過，有些孩子會拒絕父母的建議或協助，尤其是剛邁入青春期的孩子，他們對父母的建議沒興趣，即使父母覺得自己比孩子能力強。

創意運用你的強項，幫助孩子增強能力。如果你的組織能力強，可能會更有能力幫助孩子發展出有效率的組織化系統（見第十六章）。但正如剛才所說的，孩子也許不會願意接受你的幫助，所以你可能得更有創意、不著痕跡地幫助他。比方說，你女兒很有藝術細胞，屬於視覺型的人，你知道利用收納箱來整理物件是讓工作順利最簡單的做法。如果你和她一起買些色彩鮮麗的托盤和分格收納盒，再用貼紙和色筆做些裝飾，或許女兒就會開心地使用這些工具。擅長計畫的父母，可以把每個工作步驟分別寫在提示卡上，然後像洗牌一樣把卡片順序弄亂，再讓孩子排出合理的順序來，藉此幫助孩子完成複雜的任務。

一定要明白你的弱項可能是孩子的強項所在。如果你了解自己的挫折感部分是源自你和孩子的執行能力組合大不相同，當你看到孩子的弱項時，或許就不會那麼惱怒了。但是，這可不是要你什麼都不做。你得提醒自己（和孩子），這孩子擁有你欠缺的優點。這個事實真的會在你最需要的關頭，讓你的士氣大振。反應抑制可能是你的強項，卻是你兒子的弱項；要是你明白變通力是兒子的強項，和你卻不搭，你就會從更多角度來看事情，你可以說：「記得上次我們一起去看電影，我想看的那部電影票賣完了，我當場就想回家，但你卻說：『嘿，也許別的電影也不錯！』確定其他也沒有我們想看的後，你提議先去打球，再回電影院看下一場。你的思考彈性比我好太多了！」

當你和孩子有相同的弱項

- 多加努力，這樣你就能笑看你們的弱點，而不是怨天尤人。「兒子啊，我們兩個人的組織能力都有待加強，」你或許會說，「我們可以相互幫忙，就好像盲人牽瞎馬一樣，不過，也只能這樣啦！」
- 你可以和孩子腦力激盪，針對彼此共同的問題找出解決之道。你可能注意到你和孩子一討論起事情，很快就會搞到兩個人都不愉快，或許你們可以商量一下，找出方法來，讓你們可以幫助彼此談論控制情緒的主題，而不會有人失控。
- 在你為了孩子所做的某件事情大發雷霆之前，提醒自己，你的成長過程中也有過相同的掙扎，而你還是好好地長大成人了。告訴自己，儘管孩子有缺點，他應該還是能夠找一條可行的通路。或許你也可以從自己的兒時經驗，想出一個故事來和孩子分享。
- 考慮用更有系統的做法來解決你較弱的執行能力，同時也加強孩子同一項執行能力。你得採取以下的步驟：

❶用《執行力訓練手札》第337～344頁裡適合孩子年齡層的評量，確認孩子的執行能力弱項所在。

❷ 使用《執行力訓練手札》第345～348頁的評量，確認自己的執行能力弱項為何。一定要誠實！如果能請你的另一半或很了解你的人，陪你一起完成這項問卷調查，也會有所幫助。

❸ 找出兩、三個屬於孩子某項執行能力的缺陷而且一再出現的行為，這項執行能力缺陷和你的弱項相符，也是你想要努力改善的地方。

❹ 找出自己一再重複、影響日常生活的幾項行為，明白這些與孩子執行能力弱項相同的行為是在什麼情況下發生的。

❺ 釐清自己的行為最讓人生氣的地方，了解遇到這種情況時可以運用什麼策略。

❻ 和孩子討論他那幾項特定行為，以及發生時的狀況如何。向孩子解釋你也有類似的問題，談談你打算怎樣改善。

❼ 兩個人協議出一項解決問題的辦法，以及如何適時提醒孩子運用這項辦法。

❽ 觀察孩子的行為並應用這項策略。

我們會建議這套流程有幾個理由：第一，完成自己和孩子的評量，確認你們兩個人的執行能力有共同或不同的缺點。第二，找出問題的情況，有助於你們更了解這項執行能力，以及它如何影響你和孩子。有了這樣的理解，以前你一想到孩子有問題就生氣，現在你可能對孩子產生更多的同情。第三，先為自己設想出協助的策略，也許會更容易找出可以運用在孩子身上的策略。

迷糊媽媽和迷糊女兒……

現在我們以一對母女為例，看看她們怎麼利用這套流程，改善她們所共同欠缺的組織技能。

艾倫發現十三歲的女兒亞曼達缺乏組織能力，經常讓全家人神經緊繃。亞曼達把晚上寫好的功課放在亂成一團的書桌上，也沒有把第二天上學要用的東西整理好，放進書包裡。艾倫自己則是每個星期總有一、兩次因為沒有把手機歸位，要用的時候就找不到，而且也常常忘記帶手機出門。她還老是忘了充電，就算帶了手機，電池也常常不夠。

媽媽先改變

艾倫決定先想辦法幫助自己。她的手機可以設定提醒功能，所以她設定手機下班回家時會發出簡短的鈴聲，提醒手機需要充電。她也設定手機在出門上班前會響，提醒她不要忘了帶。

現在，她和亞曼達坐下來討論她們缺乏組織條理的問題。她向亞曼達說明自己打算怎麼處理自己的問題，然後她要亞曼達找一個她自己最困擾的狀況一起來想辦法。

讓女兒知道自己嘗試調整，也鼓勵她一起想辦法

女兒也想改變

亞曼達最先想到的是作業本。她決定每天早上起床時先看到床前大大的彩色告示，上頭寫：「作業本放進書包了沒？」晚上睡覺前，她也會看到這個告示，並把它帶到書包前，確定作業本已經在書包裡了，接著再把告示放回床前，第二天早上便看得見。

專家分析

當負荷過重、壓力太大時，先調整好自己的狀況！

我們都很清楚自己在壓力下處理問題的能耐有多大。你明白自己忍耐程度有限、情緒管理不佳，要是某一天碰到一連串的狀況，你的情緒會更快爆發。

壓力過重時，執行能力會變差

研究執行能力強弱項的這些年，我們發現當壓力或執行能力負荷過重，常會讓執行能力變差；而那些最容易受損、也最脆弱的執行能力，正是我們應該優先著力的區域。我們有時稱此為「虛弱器官理論」（在疾病發生時，最虛弱無力的器官會是人體最先開始受損乃至壞死的部位）。

最脆弱的執行能力似乎正受挫時，壓力也會明顯上升。明白這一點，你就可以設法把系統歸位以減輕壓力，或因應執行能力功能衰退的問題。可以請配偶、朋友，甚至孩子來幫你的忙，或是面對壓力時，先暫停手上的目標或工作。這當然也包括延後改善孩子的執行能力。要是家裡有人生病、財務出狀況、婚姻產生衝突，恐怕都不是去試著教導孩子的最佳時機。不管是改變你自己的或是孩子的行為都很困難，只有在心情平靜的時候進行，才最有可能成功。

不過，**即使沒有什麼重大壓力，在你計畫改善孩子執行能力時，還是應該先調整好自己**。在壓力狀態下上了一整天班、昨晚沒有睡好，凡此種種，都會讓你對孩子比較沒有耐心。這種情況下想要保持冷靜、循序漸進、堅持到底，便得花更多的心力。有些時候，改善孩子的執行能力，一以貫之的態度很重要。如果你正設法培養孩子堅持到底的能力，最好多加把勁守住那條界線，而不是隨便就放棄，等明天再重新來過。

了解孩子的壓力來源，調整適當的環境

不過，有些時候還是可以把計畫暫擱一旁。如果你和女兒之前決定今天要一起做科學作業，但因為突發狀況，你還是可以改變決定，因為今天不是好時機：「蘇西，我有點不舒服，我知道答應過要幫妳一起做科學作業，但我今天不行。妳要不要自己先做做看？還是等明天？」有時，不可測的狀況反而讓孩子興起應付整個局勢的念頭和行動，出現連父母都料想不到的發展。

會影響的不單只是你的壓力高低，孩子感受到的壓力也會造成影響。哪些事讓孩子比較有壓力呢？一般來說，可能正是那些讓你感覺到壓力的事──事情太多而時間太少、被人期待去做自己沒有能力做的事、受到不公平的批評，或是人際關係的問題。對孩子來說，造成壓力的事可能是功課太多、一份需要發揮創意的作業，也可能是被老師誤會。

這些事都可能會影響你的協助做法，至於會干擾到什麼程度，部分與孩子執行能力的強弱有關。協助孩子面對問題的方法很多，要用哪一種方法，得依據孩子執行能力的組合而定。總的來說，我們會建議父母表明你了解孩子的感受，心理學家稱之為反映傾聽（reflective listening），「你一定覺得功課很重」或「老師不肯聽你解釋的時候，你一定覺得很無力」。

好消息是，只要能認清問題所在，執行能力薄弱的地方便會形成負荷、導致超載，就可以在狀況發生前、發生時或發生後，設法協助，把負面影響降到最低。

在設法幫助孩子奠定、增強執行能力時，有一件事很重要：了解使系統超載、擴大執行能力差異的壓力為何；如此一來，你就會開始注意孩子和周遭環境的配合好不好。父母和老師改變環

境，是為了確保孩子持續與環境契合，以掌握儲備能力的最佳機會。在孩子的任務進入他的執行能力弱區之前，先把環境調整好是非常重要的。孩子有時候會因為任務和他的執行能力完全不搭，而選擇不去執行這項任務；但若情況不容許他逃避時，你就得找出操控環境的方法，包括操控任務本身的各個面向，讓孩子順利完成任務。

教養案例 5

孩子不喜歡師長指派的任務……

卡門十歲，是個害羞的孩子，她在社交場合中，總是擔心自己的表現、老覺得自己格格不入。她參加的女童軍團在老人之家辦了一場晚會，團長分配卡門負責向老人之家的住户銷售抽獎券，並宣布抽中的號碼。卡門接下了這項任務，當場並沒有多說什麼，但媽媽當天接她回家時，注意到女兒怪怪的，雖然卡門說一切都很好，但她的心情整晚都很沉重。

孩子對任務感到困擾

最後，卡門在睡覺前告訴媽媽分配到的工作，承認自己真的很不情願接下這項任務。媽媽從以前的經驗知道，這種情況會讓卡門胃痛、睡不好，她認為應該想想看卡門可以改做什麼別的工作。卡門鋼琴彈得很好，最近也經常練習彈奏聖誕歌曲，所以媽媽建議她在晚會中負責在現場彈奏背景音樂。卡門很喜歡這個點子，也知道如果自己練得勤快的話，就會有信心把工作做好。第二天，媽媽打電話給童軍團團長，解釋卡門在眾人面前說話會很緊張，建議讓卡門換彈鋼琴比較好。團長並不知道卡門有這項才華，很高興地接受了這項建議。

媽媽評估替代方案並和孩子討論

媽媽和團長商量調整任務

專家分析

依孩子的特質，陪伴孩子迎向障礙、克服障礙，發展自信！

在上一章，你有機會弄清楚自己的執行能力和孩子的執行能力是否契合，以及彼此契合的情況如何影響你們的互動。

你大概也明白，日常生活中有些工作對孩子（和你）來說，之所以特別困難，可能是因為孩子在那方面很弱而你很強，或那項任務需要的執行能力你們兩人都不在行。這份理解對於重建你們的合作關係有很大的好處。它能讓你發現從沒想過的問題與做法，也會減少你們的摩擦。假如你學會放大自己的強項，必然也會增加孩子需要發展的執行能力的練習機會。

故事中，卡門的媽媽天生活潑外向，對女兒的沉默寡言原本不是那麼有耐心。但現在她了解女兒可能是缺乏彈性和情緒控制力，所以她很快提出一個可以讓女兒發揮所長的替代方案，而不是浪費時間哄勸女兒，去做她覺得既困難又不太可能得到正面助益的事。幸好女童軍團是比較輕鬆的休閒活動，所以比較能通融。卡門的媽媽可以試著調整女兒的工作分配，好讓女兒和任務之間配合得更好。

當然，卡門還有另一個選擇，那就是完全不參加這個晚會；碰到比較自由隨興的活動時，這個選項永遠都存在。但真正的挑戰其實是，你得不斷權衡輕重得失：你不想讓孩子覺得自己每次試什麼就失敗；而且每一種活動多少都提供孩子成長的機會，你也不想拒絕它。所以，若你能找到孩子既可參與、又能勝任的方法，孩子就能獲得新的體驗，得到改善某一種執行能力的經驗。

做父母的經常誤以為自己讚美孩子聰明、有天分，就會讓他們發展出自信心來。讚美可以有

幫助（我們會在第八章討論什麼才是有效的讚美），但事實上，孩子發展自信最主要的方法，是迎向障礙、克服障礙。

參與技能的競技場合愈多，面對障礙的信心就會更強。這涉及父母教養子女的藝術：能否相當精確地看出什麼樣的挑戰恰到好處，足以讓孩子在付出之後，有所收穫。倘若有些情況必須同時應用到幾項孩子欠缺的執行能力，做父母的最好設法讓孩子避開那種狀況。

當任務要求和特定年齡的正常行為不相符，就是成年人出面採取行動，為孩子找尋替代經驗的時候。如果孩子的發展比同年齡的兒童慢，情況會更難處理，但為人父母的責任就是協助和做決定，以保護你的孩子。孩子每天碰到的狀況或任務要求，不見得全都能順勢配合他的執行能力做調整。學校，就是這樣的一個地方。

教養案例 6

缺乏變通力、情緒控制力不佳的孩子不愛寫作文……

孩子對任務有困擾

羅杰十歲，他很討厭寫作。他的字寫得很難看，運筆對他來說十分費力，他也想不出來有什麼東西好寫的，後面這個問題其實最糟糕。他經常瞪著眼前的白紙，無助地呆坐。這種挫折感累積到最後，終於讓他爆發了出來：「我不會做這個蠢功課！我不懂為什麼卡森老師一直要我們寫作文，我不要寫，妳也不能逼我寫！」他把紙張揉成一團，把鉛筆扔向牆壁，然後衝進房間玩電動。媽媽沮喪萬分。當她把羅杰的行為向老師反映之後，老師驚訝極了；羅杰在學校裡，從來沒有為了寫作文抱怨過（雖然老師也承認羅杰在學校裡寫作文很會拖，只好請他把作文帶回家做）。

孩子情緒崩潰

專家分析

弄清楚孩子抗拒任務的原因為何，了解障礙在哪裡？

羅杰也是個彈性和情緒控制力不佳的孩子（他的後設認知也很弱，因為他不太能想出合理解決眼前問題的辦法）。而他被要求進行的這項任務，恰恰都要用到他最不擅長的執行能力。由於這是學校要求的功課，羅杰的媽媽無法像卡門的媽媽那樣讓羅杰改做別的事，所以必須針對羅杰的困擾找出應對之道。

- 開始寫作文之前，媽媽可以和羅杰討論一下作文題目，幫助他整理想法。
- 她可以要羅杰改用口述的方式來做作文。
- 也許老師會願意減輕羅杰的工作量，例如，要他造兩個句子，而不是寫出一整段文字；或是只寫一段文字就好，而不是寫三個段落。

這些只是其中一些可行的方法。要是羅杰的媽媽和老師好好花心思來解決這個問題，應該會想出更多點子。若這些辦法奏效，他們還必須很清楚地知道自己所要面對的是什麼：孩子的任務被拆解開來，孩子身處這項任務一定要執行的環境裡，以及孩子的能力高低。

❶ 當你知道孩子有執行能力的弱項時，就要多多注意孩子對於自己分派到的任務的情緒和行為反應。卡門沒辦法對團長說明自己不想接受那項任務，她甚至一開始還不想把這件事跟媽媽說。但她在睡前習慣和媽媽分享自己內心的想法，這才打開了心門。羅杰也是如此，他在家裡和在學校的行為很不一樣。在學校，身邊都是同學，如果他像在家裡那樣發脾氣的話，會很丟臉。

❷當你的孩子似乎在逃避某項工作，想想孩子做不到的可能性有多大。孩子對於具有挑戰性工作的情緒和行為反應不一，不見得立刻會顯現他沒有能力完成這項任務的徵兆。卡門傾向退縮，然後胃痛；羅杰則會鬧脾氣；也有的孩子是想盡辦法能不做就不做。如果他們覺得寫作文很難，早上起床時，他們可能會先開始削鉛筆，找各種理由做任何別的事，就是不動筆寫作。

當然，有些孩子會直接說他們不知道該怎麼做，但父母或老師對於這種直接陳述事實的說法，最常見的反應就是：「你怎麼會不知道該怎麼做，這很簡單。」不幸地，這種回應往往讓孩子覺得自己是「笨蛋」。如果你曾經對孩子說過這種話，回想看看那些工作是不是涉及到你很強而孩子很弱的執行能力？如果是的話，現在正是你更仔細檢視這項工作的時候。大人（尤其是父母和老師）有責任辨別任務的什麼特點會引發孩子的情緒和行為反應，這樣才能了解孩子的行為發生的原因，以及導致這些行為的真正障礙為何。

❸明白這項工作需要哪些執行能力，問問自己孩子是否具備這些技能。你當然不必逐一針對每項家務或學校作業來探究，但要是孩子特別抗拒某個工作或活動，就值得你弄清楚他的抗拒從何而來、這項任務是否與孩子本身的技能不符？你已經在第二章做過評量表，知道自己孩子的執行能力弱項何在，所以你可以直接問自己，孩子做不好的這項任務，是不是需要用到他所欠缺的執行能力。你也可以從這項任務本身看起，逐項核對各項執行能力，看看這項任務最需要用到的執行能力是什麼？

以整理房間為例，這項任務幾乎每個父母都會要求孩子去完成。但如果你看一下這項任務需要哪些能力，就會明白每個孩子在進行這項任務時，或多或少都會卡在自己的執行能力弱項上。要獨力完成清理房間的任務，至少要用到以下的執行能力：

- 任務啟動力——孩子必須不經人提醒，自己開始做這件事。
- 持續專注力——孩子必須可以持續工作得夠久，以完成任務。
- 優先順序規畫力——孩子必須擬好行事計畫，找到某種方法來決定什麼是重要的、什麼是不重要的（例如哪些要留下來、哪些應該丟掉）。
- 組織力——孩子必須有一套管理東西的方法，讓每件物品各得其所。

如果某項任務需要用到好幾項執行能力，而孩子突然做不下去了，你或許可以據此判斷，他當時非得運用自己某項較弱的能力不可。這時候，你就可以針對這項較弱的能力提供支援。

如果問題出在展開任務上，你和孩子可以協議：房間應該在什麼時候清理乾淨？以及他喜歡在什麼樣的提醒下著手整理？

如果持續專注是問題所在，你和孩子可以把房間分成幾個區域來清理，對每個區域何時清理好訂出計畫來。

若是做計畫有問題，那你們就可以先坐下來，擬出清理房間的步驟表，再逐一核實。

如果是組織力不佳，你可以看看如何協助孩子調整房間的布置，讓他在整理東西時，更容易一點。這些例子提到的事，你會在本書的第三部分進一步學到該怎麼做。

④確認是不是周遭環境有什麼狀況，讓孩子不容易做好這項工作。幼小的孩子若執行能力較弱或某些能力才剛剛萌芽，只要有一點不順，就會擾亂他們運用這些技巧的能力。對某些孩子來說，光是有人在一旁觀看，就足以讓他們做不下去；要是被人品頭論足，情況更糟。如果你很難叫得動孩子練習鋼琴，那麼在他練習的時候，就絕對不要提出什麼「建設性的建議」。

不過，在某些狀況下，讓孩子全靠一己之力來執行任務可能行不通。例如，缺乏持續專注力的孩子很容易受影響分心（包括內在和外在），事情做到一半就停下來。缺乏計畫能力或彈性的孩子，要是讓他們照自己的方式做，可能會不知如何開始，或不知道該怎麼一步步進行下去。如果這項任務是屬於開放性的工作，問題會特別明顯。對許多孩子來說，獨力完成一項任務實在很困難——得花太多步驟或是要花太長的時間，如果沒有人在旁邊打氣加油，他們很快就會放棄。

另外，你也有可能會覺得不解，為什麼孩子的某項執行能力在某種情況下運用得很好，在別的情況下卻一敗塗地？有時候是因為情境不同。比方說，孩子可以在學校完成作文功課（其他同學都在寫作，老師在一旁盯著，也可以定時檢查看看他做得如何，或提供一些小小的建議），卻可能無法在家完成（比較沒有人在旁監督，寫不下去的時候，他也不太有信心，爸媽能不能幫他一把）。

如果你能夠辨識出在某個情境下成功、在其他情境下卻失敗的影響因素為何，或許就可以「扭轉環境」，增加成功的機會。

善於激發孩子的動機，增強孩子的執行能力：孩子對任務興致愈高，或者說，對於行事成功的動機愈強，就愈容易達成任務。就像老是忘記把功課帶回家的孩子，不會忘記把要和朋友分享的CD帶去學校。忘記放學後要留下來加強數學功課的孩子，卻會記得爸媽答應他這天放學之後去百貨公司買東西。如果這些孩子聽起來很像是你的孩子，他的工作記憶不見得不好，這只意味著孩子對於參與某項特定活動的動機特別明顯，勝過他本來就不太深刻的某項記憶。當動機充足，孩子就會更有效地運用他的執行能力。因此，你可以想辦法找出激發孩子的動機，讓他們更努力運用自己並不擅長的執行能力。

❺如果你的孩子某項任務的表現時好時壞，可能你只找到了孩子執行能力的某種弱項。能夠完成一項任務和能夠持續去做一項任務，有很大的不同。就拿保持書桌乾淨整潔這件事來說

吧，如果你不是那種井然有序的人，可能特別體會得到個中意涵——你當然有能力清理書桌，你知道該怎麼做。不過，你把書桌清理好之後，難免會想到日復一日地保持乾淨有多難哪！這正是孩子們碰到需要運用較弱的執行能力工作時，所要面對的狀況，他們可能知道要做什麼或該怎麼做，但遵照師長的要求一日復一日持續這麼做下去，可是兩碼子事了！

如果你和孩子碰到這種狀況，你可以試著協助他。例如，要是孩子有組織能力的困擾，可以要求他每天花十分鐘時間整理遊戲間，而不是等到週末再來面對亂糟糟的局面。要是孩子時間管理做得不好，可以針對某項作業訂出一個時間表。不過，你或許會發現某些情況下最好允許他們「挑著做」，不要想事事求全。比方說，孩子辛苦做完功課或參加一場累人的運動項目練習之後，那天晚上就別要他整理房間了。

有情緒控制問題的孩子，特別容易受到壓力的影響，這不只會左右他們控制情緒的能力，也會影響他們運用其他的執行能力。疲累、飢餓、過度興奮、在學校不開心、計畫突然改變等，都會影響他們運用資源和能力，父母也可能得視情況，及時協助他們掌控行為。不過，若父母覺得太常放孩子一馬，就有必要看看能否減少孩子「出狀況」的因素。可能的話，把標準放低一點，而不是完全不做；譬如，與其要求他花十分鐘整理遊戲間，不如要求他們先把樂高玩具收好，等明天再來收拾其他的玩具。

❻ 如果孩子以前完成過這項任務，想想看當時他成功的可能原因。也許你曾說過這樣的話：「這件事你以前就做過了，而且你上次就做到啦，所以不要再抱怨了，快點開始吧。」如果你的確這麼說過，就可能得全盤檢視一些重要的元素，要看上一回你提供了什麼樣的支援？

- 你是不是在他開始工作前，先和他討論應該做些什麼（我們有時候稱此為「啟動」）？

• 你是不是幫忙他把工作分段來做？

• 你是不是答應了孩子只要工作五分鐘就可以休息了？

這些只是其中幾個可能性而已，如果你實在搞不懂為什麼孩子完成某項特定工作的能力時好時壞，不妨回顧一下成功和失敗的經驗各是如何。你甚至得把涉及不同環境的因素逐一排列出來，比較看看成功的關鍵元素潛藏在哪裡？

❼ 如果孩子似乎擁有執行這項任務的能力，那問題是不是出在孩子不相信自己辦得到？孩子對自己能力的預估，是另一項關鍵變數。若你已經仔細檢視了任務內容，比較過這項任務所需執行能力和孩子的執行能力，也探究過完成任務所需的環境為何，卻仍不明白為什麼孩子做不好手邊的工作，這可能意味孩子就只是缺乏信心而已。孩子缺乏自信的可能原因很多：

• 任務太龐大，使他們看不清楚完成任務的每個步驟其實都在自己的能力範圍之內。

• 他們試過很多別的事都失敗了，所以把這件工作和那些事混為一談，假定它也會失敗。

• 他們以前努力的時候曾經被批評過，現在不想再冒這個險。有完美主義傾向的孩子特別會如此（通常他們的父母也是求好心切的人），因為不管他們做得多好，都不會完全符合自己或是他們想討好的那些人的期待。

• 他們一碰到困難，就立刻有人來幫他們解決問題，所以他們永遠學不會靠自己（或只在極小的協助下）克服困難。

只給孩子需要的支援，累積成功經驗，才能增強自信心！

有時候，你很確定某項任務在孩子的能力範圍之內，但若孩子不相信他有能力做得好，他可能就會套用以前做不好的那一套論點。

這時，你可以把任務稍稍改個樣子，以便讓孩子盡快感受成功的滋味。倘使任務真的在孩子能力範圍之內，只要他能明白自己辦得到，並獲得他人的正面回饋，成功通常很快就會到來，問題也會更快解決。

許多案例碰到這種情況的處理方法，是協助孩子開始進行任務，不管工作內容是什麼，讓他知道你不會讓他失敗，也就是承諾他在進行任務時，你會提供他所需要的協助。這個方法在孩子有功課要做，卻不認為自己有能力做的時候，特別管用。要求他們開始行動，給他們一些小提示和許多鼓勵，讚美他們願意持續做或努力嘗試的態度，並在他們碰到障礙時，提供具體的支持。

讓孩子演練問題發生時的情況，是另一種增強信心的方法。

或許你兒子想請朋友來家裡玩，但不知道該怎麼做才好。你可以給他一個腳本，和他一起進行角色扮演，直到他覺得自己可以很自在地打這通電話為止。你可以多試幾種不同的狀況（例如，要是朋友因為不同的理由拒絕了這項邀請，該怎麼處理），這樣孩子就會對不同的結果，做好準備。

不管細節內容如何，只要任務或環境與孩子的執行能力配合得不好，孩子就會想辦法控制局勢，而方法可能就是逃避。我們稍早提到卡門和羅杰的例子，就是在設法逃避。

亞斯伯格症的孩子缺乏彈性，不太能應付閒聊式的對話，他們會主導對話，談論他自己的興趣，把情況改成與他的能力相符。

就算是沒有亞斯伯格症的孩子，在缺乏變通性的時候，也會用同樣的方法來控制局勢。至於情緒控制不佳或容易衝動的孩子，在周遭同時發生很多事或事情演變太快時，常會覺得情況控制不住；他們的處理方法可能是掉頭走掉，或跑到角落待著。在接下來的第二部，我們會羅列你需要了解和調整的狀況，以改善孩子和任務之間的契合度。

第二部

奠定孩子思考習慣的十大原則與三大法門

目標：從調整環境開始，一一拔除讓孩子散漫的因子！

在此，父母要了解一件相當重要的事，那就是，你不能期待孩子聽過一次步驟流程解說之後，就學會那項新的能力；因為這好比孩子只練過一次棒球，就認定他能遵守整套棒球規則。孩子在練習新的能力時，需要持續的支援和監督，而這樣的支援提供應該是理所當然的，父母不該有任何抱怨。

第5章

掌握改善孩子執行能力的十大原則

看到現在，父母應該已經知道孩子要完成同齡兒童被要求做到的事，執行能力有多重要。你家孩子執行能力的強弱項是什麼？為什麼有些事總是做不好，有些事卻特別拿手？你大概也逐漸明白該怎麼做才能放大優點，讓孩子的表現更符合他的聰明才智，不會那麼散漫。我們也相信父母若了解如何把你和孩子之間的契合度擴展到最大、避開既存的歧異，親子衝突一定會降低。

在這一章，我們精簡出十大原則，帶領父母協助孩子成長。這十大原則其實也是「方法」：它們能協助孩子掌控對他們來說挑戰性高的任務，發展他們落後的執行能力。

原則1 與其盼望孩子透過觀察獲得欠缺的能力，不如直接教導他們

有些孩子天生就很擅長運用執行能力，但也有許多孩子若單靠一己之力，既辛苦又撞得遍體鱗傷。**執行能力和其他能力的學習其實大同小異**。拿學習閱讀來說，少部分兒童似乎無師自通，不過，絕大多數小孩都需要接受正式的指導才能學會閱讀。還有一小部分兒童，就算在學校接受了正規閱讀訓練，還是無法很快或順利地學會。這可能是因為許多父母和老師是用心理學家所謂的偶發學習（incidental learning），來強化孩子的執行能力發展：他們提供鬆散的架構和範例、偶爾

給點提示，以為這樣就夠了。在比較單純的情況下，這樣或許是夠了；而所謂的情況單純，是指對孩子要求較少，師長所能提供的監督和支持較多的時候。

不過，時至今日，大多數孩子都會在某個時間點，遇上執行能力的水平趕不上被要求的工作，並為之所苦。面對日趨複雜的世界，我們不能讓孩子的執行能力發展聽天由命，我們必須為孩子提供直接的指導——定義問題行為、確認目標行為，然後發展出指導流程：先密集監督，接著逐漸減少指令和支援。在第七章中，會更詳細地說明這套指導流程。

要教導孩子執行能力，其實還有更自然的方法，你可以和孩子玩一些建構式遊戲，全面激發執行能力的發展。同時，也別忘了看看本項原則和原則三之間的關連。當你教導孩子執行能力、調整某項任務讓它變得更容易掌控時，雖然你是從外在調整，目標卻是透過這項任務內化某項能力，將來遇到需要用到這項能力的任務時，就可以運用自如了。

原則 2

了解孩子的發展階段，是正視執行能力弱項的第一步

我們不會期望五歲的孩子自己計畫和準備要帶去幼兒園的午餐，也不會期待十歲的孩子獨力打包夏令營的攜帶物品。不過，在實際案例中，確實有不少父母對孩子的獨立有著不切實際的期待。我們遇過一位家長，期盼她八歲的女兒自己記得每天吃氣喘藥；絕大多數孩子起碼也要到了小學高年級才能自己記得這種事。我們也不斷碰到家有高中生的父母對於孩子搞不清楚想進哪一所大學、該做什麼準備感到火大。但根據我們的經驗，就算是高中高年級生，通常還是需要父母

或學校的升學顧問，協助他們走過這一段路。正視執行能力弱項的第一步，是了解各個年齡層的正常狀況為何，避免對孩子的期盼不切實際。第二章（參見第55頁）所提供的表格，列出各個典型年齡層兒童被期待去完成、需要執行能力的任務。我們在本書第三部列出了更多內容詳細的核對表，你可以用它們確認你的孩子正在發展的執行能力是哪些。

不過，明白每個年齡層的典型情況，只是整個過程中的一部分而已。在孩子能力落後或和同年齡孩子相比較為欠缺時，不管他處於什麼樣的能力水準，父母都有必要引導。一般的孩子在十二歲時，可能可以在一、兩次甚或三次的提醒下，每星期按計畫自動整理一次房間。如果你家孩子已經十二歲了，卻從不曾整理過房間，那麼那些用在多數十二歲孩子身上奏效的策略，可能對你家孩子沒效。如果孩子的實際發展階段，和同儕或你所想望的情況不同的話，你就必須把任務需求改成和他實際的狀況相符才行。

原則3 由外在事物改變開始，逐步內化

我們之前提過，當孩子幼小時，父母為他所做的一舉一動就好比是孩子的額葉。事實上，執行能力的所有訓練都始於孩子的「外部環境」。在父母教導孩子不要在馬路上跑時，你陪著他、牽著他的手過馬路，以確定不會發生意外。因為父母不斷重複「先左右看一看、再過馬路」的原則，到最後，孩子把它內化了，然後你觀察孩子是否遵守這項原則；現在，孩子自己過馬路已經沒問題了。父母用各種方法架構和整理孩子的環境，讓孩子施展他尚未健全發展的執行能力。因

此，當父母決定要擬訂改變孩子的策略、幫助孩子發展更有效的執行能力，當然也應該從改變孩子周遭的外在事物開始做起。舉例來說：

- 孩子上床睡覺之前，提醒他去刷牙，會比期待他記得做這件事恰當。
- 與其期望年幼的孩子花很長的時間完成一件事，不如把工作時間盡可能縮短。
- 若孩子的情緒控制力不佳，生日聚會的規模愈小愈好，以免刺激過度。
- 在通過車來車往的停車場時，要求幼兒或學齡前兒童握住你的手。

原則 4

外在改變包括：改變環境、調整任務、改變和孩子互動的方式

當你試著調整外在環境，好讓孩子能掌控任務、發展執行能力時，要確定環境、任務、與孩子的互動方式這三種可能你都考慮到了。你可以對物質和社會環境做出些微的改變，有些很容易就能做到。如果是注意力不足、過動症的孩子，就要求他在廚房做功課，這樣母親工作時可以提醒他繼續做該做的事；如果是情緒控制不佳的孩子，可以設法找年紀比較小的玩伴，或是一次只請一個朋友來家裡玩。你也可以用很多種方法更換任務，改變原來那條似乎走不通的路。最後，你還可以改變你（或其他大人，例如老師）與孩子的互動方式；你已經知道自己和孩子的執行能力有何異同，可能也已經設法改變，但是要做出不同的互動，還有很多其他的方法。

原則 5

順勢運用孩子爭取主控權的內在驅力，不要與之對抗

孩子很早就想要控制自己的人生，他們追求主控權、想要什麼就努力設法得到。父母大都樂於看到孩子爭取主控：小嬰兒試著自己站起來、爬樓梯，不消幾年他們就會學著騎單車，再過一些年，他們會學開車。孩子努力用各種方法得到他們想要的，父母卻常會產生矛盾情結，因為有時孩子所要的，會和父母所要的相互衝突。不過，你還是有方法既支持孩子，又讓情況維持在你的控制範圍之內。這些方法包括：

- **制定日常作息時間表：**讓孩子知道什麼時間該做什麼事，把它視為日常生活的一部分。像是：用餐時間、就寢時間、做家事、做功課等等，作息表設定了每天特定的時間或活動，孩子了解那是父母先訂下的時程。父母先把時段給「占」下來，孩子就比較不會去動它，也比較不會拒絕遵守你既定的計畫。
- **提供選擇，讓孩子擁有部分主導權：**你可以讓孩子選擇做什麼家事、什麼時候做，以及先做什麼再做什麼。
- **困難的任務一步一步來，**用漸進的方法增加對孩子的要求。
- **運用協商技巧。**協商的目的是不讓孩子出現反射性拒絕，又能確保孩子「先做到什麼」才能「得到他所想要的」。

原則 6

把工作任務調整成符合孩子的能力

有些任務需要付出比較多的心血，這點對大人和孩子來說都是事實。想一想辦公室裡那件一直是被你拖延的工作！說真的，有兩種工作很費力：一種是你不擅長的，另一種是你有能力卻不喜歡做的。孩子也是如此。所以碰到這兩種情況，就各有不同的因應策略。

若是孩子不太拿手的工作，你可以把工作分割成一個個小小的步驟，從第一步開始，再逐一做到最後一步，也可以從最後一步開始，再倒著做回去；總之，先等孩子成功做完一步之後，再接著做下一步。以整理床鋪為例，從最後一步開始做，意味的是除了把枕頭放在床頭這最後一個步驟之外，全部工作都要做好（床單要先鋪好才能放上枕頭）；如果是從頭開始做，則可以只是先要求孩子把床單前端拉直。你讚美孩子事情做得很棒，並且暫時把他要負的責任局限在第一步，等他閉著眼睛都能做好這一步時，再做第二步。

其實，第二種費力的工作讓父母感觸特別深；正是這些工作，讓父母責怪孩子「就只是不喜歡做而已」。但我們覺得如果一項任務到最後成了親子大戰，理由大概不會只是「孩子不愛做」這麼簡單。我們的建議是，如果你們已經為此爭執多時，而父母並沒有取勝，那最好是改變這場戰役的本質。父母的目標是教導孩子盡力去做，杜絕他半途而廢或轉頭去做喜歡的事情的念頭。該怎麼做？要讓孩子覺得第一步夠簡單，並在他完成第一步時立即給予獎勵，讓他確信自己付出一點點努力、完成第一步之後，就會有所回報。之後，你可以要求孩子付出更多的努力，才能獲得獎勵。

與父母研習時，我們發現，要求那些孩子不願付出努力的家庭使用評分表，效果很好。例如，我們要求父母以一到十分，精確估計孩子覺得任務有多難。十分，表示孩子有能力做到，卻覺得任務非常非常困難；至於一分，則表示那件事完全不費吹灰之力。**評分的目的是要把任務調整或設計成符合三分的程度。**

父母可以用類似的方法幫助孩子使用這個評分表，規畫如何進行必須完成的工作。例如父母可以請女兒根據她覺得每一項作業有多難，來計畫自己的功課進度。然後她可能會決定依據這些作業的評分高低，先後排出自己希望的作業順序，而你則可以對那些難度評分較高的作業，訂出一些小小的休息時段（或依作業的難易程度交替著做），來鼓勵她再接再厲。

原則 7

運用誘因鼓勵孩子

獎勵就是誘因，既簡單又明瞭。它們可以只是一句讚美，也可以複雜到運用積點制度，讓孩子每天、每星期或每個月賺取獎賞。

對某些孩子來說，能夠把某些任務駕馭得很好，就已經構成充足的誘因。孩子大多天生就想駕馭一些事，但許多我們期待兒童進行的任務，並不存在內建的誘因，而且每個孩子的回應也未必相同。我們遇過一些孩子，喜歡幫媽媽整理家務、幫爸爸清理車庫。對他們來說，獎勵可能是有機會和爸媽一塊消磨時光、有機會做一些「大人做的事」；有些只要看到成果就感到滿足，不過這比較不常見。

有些任務可能很多兒童都不喜歡，能不做就不做。家庭作業即是一例，但有些孩子覺得把功課做好會得到好成績（或是不想得到爛成績讓自己丟臉），這樣的誘因就足以讓他們回到家立即把功課做好。不過，與我們合作過的許多孩子，顯然認為和家庭作業有關的獎勵和懲罰，都不足以讓他們主動做好功課，所以經常產生親子爭執。如果你的孩子也是如此，你可能得想出更多誘因來讓孩子做功課，才不會天天都要為此大戰一場。

有了誘因，就會有效果，包括努力學習一項技能，以及努力完成一項不那麼討厭的任務。獎勵還會對行為產生激勵的效果。獎勵讓我們想要向前看，刺激我們面對困難、堅持下去，幫助我們擊退任何負面的想法或不快。工作完成之後獲得獎勵，其實也是在教孩子要怎麼收穫先怎麼栽，這種把滿足感延後的技能本身十分寶貴。在第八章，我們會詳述一套配合技能教學，設計出誘因制度的流程。

原則8 提供剛好足以讓孩子成功的支持

這項原則看起來理所當然，但真要付諸實踐卻可能有很多弔詭之處。它有兩個同等重要的組成元素：一、剛剛好的支持；二、讓孩子得以成功。

此外，父母和其他與孩子相處的成人很容易犯下兩種錯誤：一是提供太多支援，孩子的任務完成了，卻沒能成功發展出獨立執行任務的能力；一是提供的支援太少，所以孩子的任務失敗了，同樣沒有發展出獨立執行任務的能力。

舉例來說，當孩子準備好學習自己轉動門把開門時，就不再幫他開門，而是等在旁邊；一旦他無法成功打開時，才給予協助。也許孩子會把手放在門把上，卻不知道怎麼轉動它，這時父母就能輕輕把手蓋在孩子的手上，轉動他的手和門把，將門打開來。下一次孩子遇到門關起來時，他或許會試著轉動它，但也可能沒有足夠的力氣，這時你再次把手蓋在他的手上，協助他開門。重複多次後，孩子一定能學會自己開門。不過，要是你常常直接幫孩子開門，他就永遠學不會。或者你就只是站在旁邊看著孩子一試再試卻徒勞無功，他也永遠學不到怎樣才能把門打開。

這個原則適用在任何一項你希望孩子自己掌控的任務上。你要決定孩子能自己做多少，然後你再出面協助。記住，不要替他執行這項任務，而是提供剛剛好的支持（口頭上或實質上的支持，視任務而定），讓他能跨過障礙，朝成功邁進。這或許需要一些練習，而且一定要有近距離的觀察，不過你一定會抓到訣竅的。

原則 9

持續提供支持和監督，直到孩子能成功掌控任務

有些父母明白如何教孩子把任務分段進行、指導他們各種技能，並強調成功的重要性，但他們的孩子還是沒能學習到父母希望他們得到的能力。問題可能出在他們沒有應用這第九項原則或下一項原則。這些父母擬訂了執行流程，確定這個流程管用，隨即隱身幕後，期盼孩子獨力完成。以整理書桌為例，他們可能會帶孩子去買整理作業的筆記本或資料夾，甚至幫孩子決定怎麼用這些文具，之後便期待孩子自己保持整潔有序。這些父母這麼快就放手，恐怕太早了些！

有朋友告訴我們，人要花三個星期才能把習慣養成。我們不確定這種說法有沒有根據，甚至不確定對成人來說是否正確，但我們認為對孩子來說，尤其是執行能力有所欠缺的孩子，要他們在這麼短的時間內學會充分善用執行能力，未免太過樂觀。我們總是鼓勵父母對蛛絲馬跡提高警覺，因為愈早確定問題在哪兒，愈有可能看到進展。

在開始執行本書提到的引導方式，或父母自己想出來策略之前，可能得花個幾分鐘把目前察覺到的問題仔細記錄下來，它看起來如何？或聽起來如何？用精確的詞句描述行為（例如，忘記繳交學校作業、一碰到原訂計畫改變就哭），並且估算或記錄這種情況多久發生一次？時間持續多長？如果行為涉及到不同的強度（發脾氣有大有小），你還可以從溫和到嚴重替它評個分。父母可能也得定期（每隔兩、三週）把紀錄拿出來，看看問題改善的進展是否明顯。我們提供了一張工作對照表，幫助父母監控進展狀況。

我們必須強調，在父母剛開始試圖改變一項行為時，它有可能在轉好之前，先變得更糟。如果孩子臨睡前總是哭著要父母陪，而你決心要改掉這種行為，一開始你可能會發現他會哭得更久、更大聲，然後狀況才開始逐漸改善。為了正視情緒控制或反應抑制而設計的任一種引導行為，尤其是那種試圖教導孩子替代行為、刻意忽略某些行為的策略，特別可能在問題改善前出現陣痛期。愈謹慎地設計（衡量）引導方法，愈能早一點看到進展。在我們的經驗裡，有些父母比較有能力做到精確引導和持續記錄。至於那些沒辦法那麼精確的父母，只要定期「檢視」，也一定可以發現情況的進展。

父母協助後孩子改善進展對照表

★《執行力訓練手札》p358收錄完整表格★

日期	執行能力	精確的行為描述（看起來或聽起來如何？）	頻率（此行為有多常發生？以每天或每週幾次來計算）	持續多久	強度（以一～五分來評分，此行為有多嚴重？）
3/15	組織力	書桌總是亂糟糟：文具、考卷、課本、參考書亂放，沒有歸位	一週約四、五次	直到威脅丟掉桌上東西才會動手整理	四分
追踪日		此行為看起來或聽起來還是一樣嗎？	現在多久發生一次？	現在持續多久？	現在強度多大？
#1 4/15		漸漸改善，但孩子活動多時，還是容易疏忽	一週約一、二次	考試週特別嚴重	二分
#2 5/15		平時比較沒問題了，考試週提前提醒後，狀況比較好，偶爾文具會忘了歸位	一週不到一次	提醒後會馬上收拾	一分

原則10

決定停止支援、監督和獎勵時，最好逐漸放手，別突然中斷

若父母覺得為讓孩子學會某件事，已經支持他夠久，很想立刻中止對他的支援，最好是循序漸進，這樣孩子才能逐步取得獨立運用該項技能的能力。如果你曾經教過小孩騎自行車，就會知道，父母一開始先握穩車子後緣，把它扶正，孩子每騎一小段時間，就放一下下手，看看孩子能不能繼續往前騎，車子也不會抖得太厲害。如果情況許可，便逐漸加長放手的時間。父母不會一直緊握著車後，卻突然放手讓孩子單飛，天真地以為這樣孩子就能穩穩向前，不會人仰車翻。

還記得原則八嗎？**提供剛好足以讓孩子成功的支援。如果孩子並不需要不斷的提示，就別這麼做。但也不要原本什麼忙都肯幫，卻突然只袖手旁觀！**

每當決定如何與孩子面對棘手的工作，或是想要鍛鍊孩子的某項能力時，上述十項原則應該都十分值得參考。事實上，父母可能還會發現運用第三部分的策略方法時，如果覺得自己遇到瓶頸或感受到挫折，重新回顧這些原則也會非常有幫助。加諸於我們和孩子身上的責任和要求，往往隨著生命的增長而日趨複雜，有時候我們難免忘記：謹守基本原則是多麼地重要！

養成執行能力的三道門：前因、行為、後果

父母可以在檢視任一項你想要改變的行為，以及讓孩子習得和運用執行能力時，把這些原則

套用上去；行為管理專家常稱此為「ABC模型」。A是前因（antecedent），B是行為（behavior），C是後果（consequences）。

這套概念的由來，是基於行為的改造有三次機會：在行為發生前做改變（改變外在因素或環境），直接針對行為本身做改變（經由教導）、施加後果（激勵或懲罰）以求得改變。

我們將在第六章談一談調整環境以減少執行能力問題，討論內容是以行為的前因為主，看看是哪些外在狀況讓執行能力變得更好或更糟。第七章，我們將把焦點轉向行為本身，看看如何直接教導兒童執行能力。最後在第八章，我們會探討運用動機誘因來鼓勵孩子使用執行能力。等你讀過這些章節以後，你就會知道該如何設計自己的引導策略，改善孩子的執行能力運作。

第一法門：幫孩子調整環境——A前因（Antecedent）

教養案例7

孩子總在餓了、累了或興奮過頭時發脾氣……

喬納斯四歲，打從出生就很磨人。嬰兒時就得了疝氣、睡眠不規律、挑食，會說話以後，便為衣服上的標籤、褲子太緊和襪子的縫線抱怨。父母發現他每逢家庭聚會就胡鬧，而且他們幾乎可以在他開始發飆前一分鐘料到事情的發展。喬納斯的脾氣似乎來得沒道理，但只有他的父母注意到，他總是在餓了、累了或興奮過頭時發脾氣。慢慢地，喬納斯的父母找到減少問題的辦法：他們盡可能讓他保持固定作息，限制看電視時間、不看暴力卡通，也建立就寢儀式。小朋友來家裡玩，一次只能來一個，而且不能超過一個半小時。參加家庭聚會時，他們會晚一點到、早一點走，必要的話，他們會有一個人在半途帶喬納斯出去透透氣。改變了這些家庭模式，喬納斯亂發脾氣和撒野的情況就大幅減少了。

釐清孩子問題狀況

父母幫孩子調整生活作息

專家分析

孩子還小時，要先開始調整「環境」而不是改變「孩子」！

你可能已經從上面的描述中猜到，喬納斯的執行能力問題出在情緒控制。喬納斯的父母用來幫助降低他情緒失控的方法，正是我們這一章所要討論的策略。他們不是直接教喬納斯怎麼管理情緒，而是把重點放在架構整個外在因素（前因），減少讓他負擔過重的可能性。

記得我們在第五章提到的原則三（由外在事物改變開始，逐步內化）嗎？對喬納斯的父母來說，這項原則正是「金科玉律」。他們知道，要求年紀還小的喬納斯學會如何管好情緒是不切實際的。所以他們為他的一天建立規律，讓他的情緒比較不容易失控。他們留意可以調整的外在因素（原則四：所謂外在的改變，包括改變環境、調整任務、改變和孩子互動的方式），並特別把重點放在社會環境和生理環境上。

從外在調整的這項原則之所以重要，是因為它移除了需要孩子下決定的重擔。你無須要求孩子控制自己的行為，也不用教他控制行為，當然，你還是可以透過身教做到這件事。你可能會發現這個方法很容易執行，因為身為父母，你早就已經習慣去調整環境來保護小孩。例如，為了避免小寶寶從樓梯上摔下來，你會豎起門擋、路障，把易碎物品放在孩子拿不到的地方。現在，你訂定作息時間表，確保孩子獲得充足的睡眠、購買健康的食物，限制他在正餐或點心時間攝取的食物，控制他看電視的時間長短和類型。

我們之前解釋過，要等到孩子的額葉發展到一個階段，他才能做出好的選擇和決定，而身為父母就是在扮演孩子的額葉，為他做出選擇和決定。在孩子成熟的時候（他的成熟度未必和別的孩子的成熟度一致），你才逐漸把「做決定」轉移到孩子身上。在第五章提過，父母若要因應孩子執行能力欠缺的問題，首先要下功夫的地方，是在孩子的「外部環境」。你要先開始改換「環境」而不是改變「孩子」。隨著習慣養成，你再轉換到孩子身上，讓他成為你引導的目標；但即便你開始這個指導過程，你還是持續處於由外而內的調整進程中。

讓我們回到喬納斯的例子。他的父母正視了他薄弱的情緒控制能力，把他們的努力完全放在外在：建立規律作息、調控收看電視的習慣、減少參加過度刺激的活動。這些努力沒有一件是用來教導喬納斯規範行為或控制情緒；但他們的確創造出一個運作更加平順的家庭，因為他們讓喬納斯產生挫敗感的機會降低。等到喬納斯更大了，父母可以開始和他討論什麼樣的事會讓他感到挫折，他能如何避免，以及該如何因應。當喬納斯的發展到一定程度，對自己行為了解得更多，會讓他開始去適應環境，以符合自己的需要。當狀況發生時，對自己的了解會指引他去應對，例如運用自我平撫情緒的技巧，或是尋求大人的協助。

想要制衡尚未發展好或比較薄弱的執行能力，調整修正或建立外在因素的方法很多，但它們全都屬於第五章原則四中提到的三大類別（改變環境、調整任務、改變和孩子互動的方式）。若你的孩子是過動症，說不定你已經學過一些行為矯正法。但請不要輕易就認定這裡沒有你想要的訊息。我們將告訴你有系統運用策略的方法，幫助你篩選出以前可能沒有用過的方法。

改變實體或社交環境，減少問題發生的可能性

依據執行能力的弱項和特定問題，改變的可能是不同形式。實體的改變有任務啟動、持續專注或時間管理問題，而很難開始做功課的孩子，通常在廚房裡做功課比較好，因為那裡沒有玩具可玩，不容易分心，父母也可以就近監督。至於組織力不佳，房間亂七八糟的孩子，限制他放在房間的玩具數量，或是讓他每一種玩具都有貼上標籤的收納箱，可能有助於維持房間的整潔。

有些孩子會因為社交環境改變而受惠。孩子的情緒控制差，可限制來家裡玩的人數和時間。欠缺彈性或比較衝動的孩子，就安排比較有結構性的社交活動，像是玩有規則的遊戲或看電影，都會比那些天馬行空隨便玩的遊戲好。以下是一些你可以調整實體環境或社交環境的方法：

- **放置路障，或是禁止孩子進入某些地方**。對於有反應抑制問題的孩子，在院子或樓梯口放上柵欄、把易碎物品移走、控制電玩時間等，全都是掌控實體環境的好方法。父母也可以運用現代科技設置障礙，管控孩子的執行能力問題，包括增加對電視和電玩的管理權限（例如 Xbox 讓家長可選擇限制孩子每星期或每天玩遊戲的時間量，遊戲會在時間到時自動關機）。管控孩子使用電腦的方法，包括：控制使用電腦或上網的密碼、使用網址過濾器限制孩子能夠造訪的網站。如果你允許孩子上社群網站像是myspace、Facebook，你就得知道他的密碼、檢查他的網頁內容。你要讓孩子知道你有在做這些事，而且是定期地做，包括檢查他曾經去過哪些網址。
- **減少使人分心的事**。我們曾經為中學生辦過家庭作業研討會，他們說，做功課的最大障礙之一，是在吵雜的居家環境裡把功課寫完，例如必須在弟弟下午看卡通或哥哥大放音響時

寫功課。為寫功課創造出一個「安靜時段」，可以提高孩子專心工作和有效完成工作的能力。有很多孩子會用聆聽音樂來避免自己分心，這是另一種去除干擾的方式。

- **提供組織化環境與架構。**英文有句名言：「萬物之所，各得其位。」（A place for everything and everything is its place.）對孩子發展組織能力來說，要是組織系統到位的話，事情會更輕而易舉。如果運動用具、玩具都有固定擺放的空間，每個臥房都設置放髒衣服的籃子，問題就較容易迎刃而解。父母也可以透過預先讓孩子知道你期盼他有條理的程度、這個要求會如何被檢視，來幫助孩子培養組織技能。例如，父母可以拍張成果照，和孩子一起來比較一下整理前後的差異。
- **減少活動或事件的社交關係複雜度。**情緒控制不佳、欠缺彈性或反應抑制不良的孩子，常常為複雜的社交場面所苦，碰到涉及很多人或規定鬆散的場合，就會出狀況。精簡參與人數或把活動安排得更有條理，會有所助益。對缺乏彈性的孩子來說，隨興的社交場合會讓他們特別不知所措。遇到這種情況，可以設法安排某項活動，如：看比賽、影片、參觀博物館或去水上樂園玩。在活動開始之前，先有清楚規範，並提醒孩子規則是什麼。讓孩子的朋友來家裡玩的規則可以包括：一次玩一個玩具、輪流、不准吵架、打架。開始玩之前，和孩子及他的朋友約法三章，把這些規則灌輸到工作記憶裡，他們將更能遵守。
- **改變社交組合。**儘管學習和各種不同的人生活、工作，對孩子來說是很重要的人生課程，但父母還是有必要在某些時候主導，改變社交狀態。可能有些孩子和女兒玩起來就是不大對盤，你也可能發現兒子和朋友一對一的時候玩得很好，但如果和一些孩子一起玩卻顯得情況不妙。調整玩耍的日子或社交場合，避開容易出狀況的組合，並沒有錯。若無法遲到早退（例如重要家族聚會），就準備好在現場做更多的監督，以避免問題發生。我們也建議父母預先告訴孩子，可以如何因應狀況。例如，你可以說：「當我看到你變得不自在、亂發脾氣的時候，我們會怎麼做。」記得一定要有備案，在遇到問題時，孩子或父母有個地方可退，又不致讓自己或孩子感到難堪。

把任務變成孩子想去做的事

許多有執行能力問題的小孩，在自己可以決定怎麼運用時間時，反而做得不錯。**他們會被工作性質所吸引，只要他們覺得這些工作很好玩，就會一直做下去；覺得不好玩時，就換去做他們覺得好玩的事。**這解釋了為什麼暑假總是比上學時壓力來得少，因為相比之下，好玩的活動比不好玩的活動多多了。

不過，身為父母，我們都知道，很少人能一輩子只做好玩的事。要幫助孩子為充滿工作和家庭責任的成人世界做好準備，我們會期盼他們面對那些看來並不那麼有吸引力的工作，不管是家事或功課、無趣的家庭聚會、遵守規則或按時間表作息。許多孩子可以把自己的偏好放在一邊，做一些他們可能不特別愛做的事。但執行能力較弱的孩子可就不見得了。

以轉換任務來降低壓力的方法有很多：

- **縮短工作。**這一點對有任務啟動和持續專注問題的孩子特別重要，通常他們開始工作時，就要能看到結束的時候。若院子裡落葉堆得像山一樣高，這時與其要求他們把院子裡的落葉掃乾淨，還不如要求他們換做幾樣很快就能完成的工作。

- **如果你非得指派費時的任務不可，就要多安排幾次中場休息時間。**如果那座落葉山還是只有你的孩子有空清理，就把這項任務打散著做。要求孩子先劃一個區塊的落葉，或是一次掃個十五分鐘就好，不要期待他們從頭到尾一次搞定。
- **讓孩子對工作結束後的收穫有所期待。**我們會在第八章更詳細地討論誘因這件事，但改變孩子看待任務最有效的方法之一，是當累人的工作結束時，有什麼好玩的或具有吸引力的事在等著他們。
- **讓步驟更為明確。**與其叫他們去「把整個房間清乾淨」，還不如把這項任務分成一連串的小工作。這些小工作其實經常可以整理成一張待辦清單，如：

❶ 把髒衣服放入洗衣籃。
❷ 把乾淨的衣服放進抽屜，或掛在衣櫃裡。
❸ 把書放到書架上。
❹ 把玩具放入玩具箱。

起床和臨睡前要做的例行公事，以及其他任何涉及一個以上步驟的家務，都可以用這種做法。我們會在第十章用一整章的篇幅，來討論如何用這項做法將日常事務分解開來。

- **為孩子設計作息表。**這有點像製作任務清單，但它可應用得更廣泛，好讓日子更平順。把每天用餐、就寢、做家事和工作設定出時間，不只讓孩子知道何時該做什麼，也幫助他們內化秩序感和日常規律感，這些技能有助他們未來發展更繁複的計畫、組織和時間管理技能。

• **提供選擇或變化**。要孩子每天做同樣的事，不如設計出一份家務選項清單，讓他們自己選出想做的，可以讓這些工作變得不那麼討厭。你也可以讓他們決定在什麼時候做這些家事，雖然這麼做會需要多用一些技巧，尤其是工作記憶不太牢靠的孩子（或父母），他們可能需要人提醒，他們已經答應過在某個時候做某些家事。

• **把事情變得更有吸引力**。可以讓孩子和某人一起完成工作，而不是自己單獨進行，或是讓他們邊聽廣播邊工作。有些父母很懂得怎麼把家務化為遊戲，「看看你能不能在鬧鈴響之前，把房間整理好」或是「來打賭，看誰能猜中你房間地板上總共有幾片積木？我猜一百片，你猜幾片？」這樣的話可能就有刺激作用。其他把家務事轉化為遊戲的做法還包括：

❶ 挑戰孩子看他能不能在一分鐘裡撿起十件東西。

❷ 設計「快速清潔」課程時段。我們認識的一名老師就設計出十五分鐘的「快速清潔」時段，讓學生幫她整理教室，然後就讓學生自由玩耍十五分鐘。

❸ 把整理遊戲間轉化成「木頭人」遊戲。播放音樂，然後讓孩子在房間走動，等音樂停下來時，孩子就「不動」，並把自己所在位置觸手可及的東西撿起來。

❹ 把家事寫在不同的紙上，折起來，放進罐子裡。讓孩子抽出，然後做紙上寫的家事。

改變與孩子互動的方式

你對執行能力和它們幫助孩子走向獨立的重要性了解得愈多，愈能看出該怎麼做才能轉換你和孩子互動的方式，以促進執行能力的發展。有許多和孩子互動的方法，是你可以用在孩子需要運用執行能力的狀況之前、當下或之後；讓這些狀況在當下或未來，更有可能好好地進展。

狀況發生之前，你能做些什麼？

- **與孩子演練會發生什麼事，以及如何處理。**事前檢視或演練，可以運用在任何一項執行能力弱點上；而且對於那些缺乏變通力、情緒控制或反應抑制不佳的孩子，這種演練特別有幫助。
- **口頭督促或提醒。**這其實是縮短版的演練，用「記住我們說過的事」來提醒孩子稍早訂下規矩的對話，或某個預先檢視過的狀況。其他的例子還有：「在前院玩的規定是什麼？」「打電話請麥克來家裡之前，要先做什麼？」這些例子都有一個共同的特點：要求孩子自己找回資訊。你也許會問：「告訴兒子在打電話給麥克之前必須先整理房間，和問兒子在他打電話給麥克之前必須要做什麼，有什麼區別？」兩者間的區別，在於藉由詢問，**讓孩子自己找回事件的資訊內容，也就等於在要求他開始使用自己的執行能力，尤其是工作記憶。這會讓他更加接近獨立自主。**

當然，如果他記不得，你還是可以幫他一把，但不要直接說「整理房間」，而是用提示讓他回答問題。例如：「記得昨天晚上你上床睡覺前我們才說過的？」或是「整理你的什麼啊？」

- 運用其他的提醒方式，如視覺提點、提醒字條、清單、錄音、鬧鈴或震動呼叫器等等。沒辦法緊盯孩子的媽媽，可以在桌子上放張字條，寫著：「請在開始玩電玩前先去遛狗。」提醒工作記憶不佳的孩子放學回家以後，應該先做好什麼事。有時候，你得用更具體的方式來提醒孩子，例如要孩子把運動袋放在門口，這樣一來，他出門前會看到，就會記得把運動袋隨身帶走。購物清單、待辦清單、旅行打包清單，都是大人用來記住大量資訊的方法。我們發現特別是有執行能力問題的孩子，都很不情願製作這種清單，也不想用。想要讓孩子習慣，你得先把清單做出來，然後要孩子「看看你的清單」。孩子遲早會明白這種清單策略有多有用，然後自己做出一份來。

受現代科技發達之賜，手機很容易取得。若孩子在工作記憶、任務啟動、時間管理和優先順位規畫方面有問題，你可以用這些科技化的遙控訊號系統，來敦促他們做該做的工作。

活動中或有問題的狀況下，可以和孩子互動的方法

- 訓練孩子運用演練過的行為。在問題發生前，適時提醒孩子「我們剛說過……」，對那些工作記憶或控制衝動力不佳的孩子，會有很棒的效果。你甚至可以在中途叫暫停，讓孩子暫時脫離現況，更詳細地和他把之前演練過的事重複一遍。有時候，我們發現給孩子「提示卡」還滿有用的，能提醒自己正在努力加強的能力，或是如何實踐這些能力。下面的圖表，就有一個與聆聽技能有關的「提示卡」（其中留有空格，可以在孩子運用這項能力時做紀錄）。
- 提醒孩子檢查清單或行程表。學習日常事務或計畫初期，孩子不只會忘記有計畫要進行，

連已經寫下來的都會忘記。溫和地提醒他們檢查清單，可以讓他們建立正軌。與其明確告訴他們下一步要做什麼，不如督促他們檢查清單，有助於把責任從父母轉移到孩子自己身上。

- **監督狀況，以更加了解影響孩子運用執行能力的關鍵和相關因素。**就算你引導得不夠快，或當時無法阻止問題發生，你還是可以運用觀察力，確認造成問題的因素為何。在問題狀況發生時，你在當場，可以讓你看到大女兒因巧妙地「設計」小女兒，而讓她情緒失控。當然，你不可能永遠都能目睹引發問題的原因，但只要你剛好就在那兒，而你也能退一步客觀地設想，就有可能學到很多在未來同樣狀況發生時，善加處理的方法。

聆聽提示卡

第　週	星期一	星期二	星期三	星期四	星期五
誰？何時？	早上／老師				
和說話的對象面對面	＋				
專心聆聽並展現興趣	＋				
身體挺直	－				
不打斷人	h				
整體表現評分	開始慢慢進步				

※＋：獨立／成功。h：有人幫忙提醒。－：沒有用到技能或做得不正確。

狀況發生後，可以做些什麼來改善孩子的執行能力

- **讚美孩子善用技能。**「我只提醒你一次你就開始做功課了，愈來愈進步了。」「真是太好了，在哥哥逗你時，能控制自己的情緒。」「到了該做家事的時間，你沒有抱怨就把手上的電動玩具放下來，你能這麼做真的很棒。」以上這些都是你可以用來強化孩子執行能力的說法。
- **詢問狀況。**這是指檢視整個狀況，看看可以學到什麼教訓。和孩子談一談發生了什麼事、有用或沒用的事、下一次可以怎麼做。這種處理方法需要明智運用。詢問狀況應該是在事件發生了一段時間之後再問，以免勾起不愉快的回憶，而且也得有所節制。我們知道有父母因為關心孩子交朋友有困難，覺得應該在孩子每次遇上社交場合後，就詢問情況。但這麼做反倒突顯孩子與人交際的焦慮感受，也無法幫助孩子學到更好的方法。然而，如果能夠節制而適當地詢問孩子的狀況，就有可能收穫良多。
- **諮詢其他相關的人。**可以是問問看到事件過程的其他人，看看能否獲得一些有用的觀點。也可向保母建議，下一次可以用什麼不同的方法來處理問題。諮詢他人，讓你有機會改變自己的行為，或建議別人可以如何做出改變，讓下一回同樣的事能夠發展得更加順利。

我們在一開始就說過，調整環境並不需要孩子做改變。這些策略經過時間的考驗，可以促進孩子自我執行能力發展的流程內化。在某些情況下，他需要的可能只是時間和耐心。問題在於你願意等多久？如果孩子在學校落後，或在其他情況下因為缺乏執行能力而受苦，你或許會想要把調整環境和直接指導這兩種做法相互結合，而這就是我們要在下一章所要談到的。

第7章

第二法門：直接教導孩子執行的能力——B行為（Behavior）

釐清孩子執行力問題

教養案例8

上學前拖拖拉拉，媽媽總要呼來喝去……

紀子八歲。早上準備上學時，總是狀況不斷。光是穿什麼衣服就想半天，吃早餐慢吞吞，該刷牙梳洗時，賴在電視機前不肯離開。媽媽覺得自己就像是壞掉的唱機，不停叫紀子去做各種該做的事情。每天這樣呼來喝去，連媽媽自己都受不了，但她知道如果沒有人緊盯紀子，紀子就會來不及搭校車。

媽媽直接教導孩子怎麼調整

最後，紀子媽媽決心做些改變。一天，她和紀子坐下來，詳列一張上學前該做哪些事的清單。紀子是個很有天分的小藝術家，所以媽媽要她把早上例行步驟畫成一幅幅小畫，媽媽把畫護貝好，和紀子一起把它們用魔鬼氈貼在壁報紙上。媽媽把壁報紙分成兩區，一區「待做的事」，一區「已完成」。她向紀子解釋說，從現在起，她不會再告訴紀子早上該做什麼，紀子要自己去查看這張作息表。紀子每完成一件事，就去壁報前把這件事的護貝圖從「待做的事」移到「已完成」。如果紀子可以在校車抵達前十五分鐘做完所有的事，就可以看電視卡通。連續幾週叮嚀紀子檢查作息表之後，紀子開始全靠自己完成每天早上例行該做的事。

專家分析

善用教導和激勵，幫助孩子更有能力

前一章我們把重點放在調整環境，減少執行能力弱項的影響。調整環境通常是處理與執行能力弱項最簡單的方法，也特別適合幼小的孩子。然而，環境無法任意移轉，如果父母教養孩子的法寶僅此一種，父母就得確定這樣的調整適用在各種情境。然而，自己帶孩子已經夠難了，如果還期望與學校、教堂、童軍團、運動場或朋友家裡的大人，一起來解決孩子的問題，就太不切實際了。替代方案是和孩子一起努力，協助他發展出更好的執行能力。我們採取兩種做法：把我們希望孩子擁有的能力直接教導給孩子，或是激勵他去練習使用他已經擁有、卻用得不夠熟練的能力。通常我們鼓勵父母兩種方法都用，在選定哪種之前，應該先看看這章和第八章。

紀子的媽媽善用了指導和激勵，幫助紀子度過一天當中最難熬的早晨時光：她先教導紀子一整套步驟，讓她照著做，如果紀子及時做完所有的事，最後還有獎勵（看電視）。現在，先讓我們把焦點放在如何教導這些能力。教導孩子執行能力，有兩種不同的做法：

1. 比較自然、不那麼正式，藉著回應孩子的行為、運用從幼兒期開始和孩子說話的方式，或利用遊戲來鼓勵孩子各種執行能力的發展。
2. 更明確鎖定目標，教導孩子處理特別容易出現問題的事務；這些正是孩子比較欠缺的執行能力。

其實，許多父母選擇兩種方法都用。「鷹架理論」（scaffolding）和遊戲是潛移默化的好方法；就好比你為孩子製作他愛喝的「奶昔」，在過程中偷偷放入水果、優格等你認為有益健康的營養成分。孩子不必做讓他心不甘情不願又充滿挫折的差事，卻得到發展運用執行能力的寶貴經驗。此外，你也可以把焦點放在一、兩件大家都不容易做好的事情上，設計特定的引導方法，教孩子如何做好這些工作，讓他得到必要的執行能力。

改用「鷹架用語」溝通，讓孩子在潛移默化中獲得能力

研究顯示，母親如果對孩子使用「鷹架用語（verbal scaffolding）」，孩子在三歲時解決問題的能力和六歲時目標導向的行為，會比母親沒有使用鷹架用語的孩子來得好。至於什麼是鷹架理論（scaffolding）呢？在適當的發展階段為孩子提供解說和指引，並提出問題；換句話說，就是為孩子提供剛好足以讓孩子成功的支援、把重點放在幫助孩子了解關係、連結概念，將新學到的知識和之前的知識連結起來。孩子愈有技巧地學會這些事——看出模式、產生連結、汲取過往的知識——就愈早從中創新計畫或組織結構。這些能力甚至會直接形成後設認知的支柱，這是較為複雜的執行能力，與運用思考和解決問題有關。所以，孩子知識背景愈廣、愈能運用已知的知識、將新舊資訊連結，就愈能夠取得資訊、運用在不同的情境，包括計畫、處理事物和解決問題。

鷹架用語能幫助孩子建立邏輯與思考

鷹架用語是一種看起來強而有力的策略，家長常出於本能地應用在非常幼小的兒童身上。不幸的是，今日父母和孩子間的對話愈來愈少；他們必須在少之又少的時間裡做完一大堆工作。如

果你正是如此，請記住，鷹架式言語在生活中運用的機會很多，如早上穿衣服、一起用餐、送孩子上學途中點出你所看到的事物、電視節目，以及孩子的遊戲中，都用得到。你會很開心地看到鷹架用語為孩子打下多少執行能力根基，而且孩子還可能會興致大發，想要做得更多。

對學齡前兒童使用鷹架用語

類別	例子
與物品位置有關的問題、陳述。	「哪一片要放這裡？」（指著拼圖的一個地方） 「和這件短褲搭配的襯衫在哪裡？」
讓正在進行的活動、東西或談話主題，和之前的經驗產生關連。	「這是一隻長頸鹿，你在動物園看過。」 「這跟做餅乾一樣。」（例如玩黏土時）
使用文字來描述經驗，把重點特別放在和感覺有關的描述上。	「嘗起來辣辣的。」 「那叫聲聽起來像小鳥啾啾聲。」
描述東西的特性，指出它的獨特之處，可以用來解決問題的功能或特質。	「這個顏色和其他的不一樣。」（用在顏色配對活動上）
詳細說明物件的功能，或可以用它來進行的活動。	「用體溫計檢查一下小寶寶體溫。」（把體溫計交給孩子） 「這是用來擤鼻涕的。」（小孩手握著衛生紙）
在使用肢體語言來表達如何進行時，搭配口頭說明。	「你要這樣轉動車子。」 「你要這樣打開罐子。」
讓感覺或情緒，與出現情緒的原因相關。	「弟弟在哭，因為他想要那顆球。」 「如果你把東西從她那裡拿走，她會生氣。」

教導前因後果，或是需要做什麼才能讓某事運作。	「打赤腳去外面太冷了，你如果要去外頭一定要穿鞋。」 「如果你太用力，筆尖會斷掉。」
把特定物和一般通用的種類連結起來。	「你看，這些都是動物：一隻狗、一隻貓、一隻熊。」 「你的娃娃有家具。這是椅子和桌子。」
把活動的兩個向面連結起來，幫助孩子了解活動。	「如果我們要辦生日會的話，就要有蛋糕。」 「我們來玩手拉手圍成圈的遊戲。把你的手給我。」

你愈能夠幫助孩子思考自己在做什麼？為何而做？（或是思考某些行為造成的危險）他們愈能夠在碰到需要解決問題時，運用這樣的思考，他們愈是了解因果關係，愈能計畫行事。你為孩子解釋為什麼某個東西很重要，孩子會更有可能在他需要時，想到這項重要資訊。當然，單靠解釋，通常不足以幫助孩子獲得更佳的執行能力，但缺乏解釋的指令，也常無法奏效。這裡有一些將執行能力指令置入日常生活中的鷹架用語：

- 問而不答。例如：為什麼飯前要洗手呢？如果我讓你想多晚睡就多晚睡，結果會怎樣？你覺得你會記得把家長同意書交給老師嗎？
- 與其命令，不如先解說。有時父母會直接下達指令來強調父母的權威：「照我說的去做！」或是「因為是我說的！」這可以理解。因為我們會累，思緒被其他事占滿，覺得自己沒有時間或精力思考如何為孩子提出適齡，也適合他能力的恰當解說；又或者，有時候我們確實會懷疑，孩子要我們說出原因只是他們在推托。但就算是如此，和強調事情的原因相比，直接下命令比較不能強化孩子執行能力的發展。

首先要記住，執行能力是我們執行任務的能力，我們愈了解自己的處境——原因和後果、為什麼某件事很重要、為什麼某件事一定要這樣做等等，愈能運用這些資訊來設計任務的執行流程，或促使我們採用別人安排好的流程。「如果你不吃藥，你的喉嚨又會開始痛。」或是「如果你把單車放在外面，下雨時，它就會生鏽。」就是運用這種做法的例子。

提供解說會大大強化後設認知技能，還可以增進工作記憶。知道前因後果，會把事情記得更好。如果有人對你說：「不要忘了帶護照去機場，否則他們不會讓你上飛機。」像這樣的說法，會比只說「不要忘了帶護照去機場」，更能讓人記得帶護照。對孩子來說，情況也是一樣的。當然，這種做法應該謹慎使用。有些孩子企圖用不斷發問這一招，讓大人解釋個不停，逃掉他該做的事。所以，只要回答他們最早提出的問題就好，不要讓他們不斷問下去。

- **讓孩子知道你了解他的感受和緣由。**「你很失望，因為你真的很想去珍妮家，今天你卻不能去。」「你很擔心你上臺演講的時候會出錯，大家會笑你。」
- **鼓勵孩子自我評估。**當你提供孩子解決方法、表達你的判斷，或是告訴孩子下次該怎麼做才會有所不同時，你就是在剝奪他自己思考的能力。「要擺脫困境，你可以怎麼做呢？」「你覺得你的童軍作業做得如何？」「你覺得下次可以怎麼做，你的朋友才不會那麼早就說要回家了？」

益智遊戲也能幫助孩子發展執行能力

遊戲，也是另一種比較自然、不那麼嚴肅，卻可以幫助孩子發展執行能力的方法。像跳棋、象棋或西洋棋等經典遊戲，需要用到計畫、持續專注、反應抑制、工作記憶和後設認知技能。至於像「大富翁」和「妙探尋凶」（Clue）這樣的桌上遊戲，還涉及到計畫和工作記憶。對戰遊戲需要專注、計畫和組織、反應抑制和後設認知技能。舉辦全家遊戲之夜，鼓勵孩子和兄弟姐妹、朋友玩這樣的遊戲，絕對是很棒的點子。

父母和祖父母輩對桌上遊戲或許熟悉，時下很多孩子卻可能覺得電動玩具比桌上遊戲更有吸引力，我們可以列舉出一些代表性的電玩，來幫助他們建立執行能力；這些電玩大多屬於策略／解決問題類型。對幼小的孩子來說，**Webkinz** 和照顧寵物有關；至於薩爾達傳說（Legend of Zelda）、模擬城市（Simcity）、終極動員令（Command and Conquer）這些跨年齡層的電玩，全都需要持續專注、反應抑制、計畫、組織、後設認知，以及目標堅持。

電玩內容是依據適齡情況而有別，但是你還是可以知道孩子的同學們在玩些什麼。你可以在販賣電玩的實體商店或網路商店裡看到示範影片和預告片。也有很多組織或媒體持續在做電玩的評比。家庭教師協會（PTA）和美加地區的娛樂軟體分級委員會（ESRB）針對電玩安全的宣傳品，可提供家長有關電玩本身及如何監督的祕訣。

你甚至可以用一些歷久不衰的小遊戲來增強孩子的執行能力，例如：井字過三關、吊頸（hang-man）猜字遊戲、猜謎等等，在你和孩子在候診區、開車出去玩，或者在餐廳裡等餐點送上桌時，這些遊戲都能用。

要提醒的是，這些活動雖然可以增強執行能力，但從這些遊戲中學到的技巧轉移到現實生活中的情況如何，到目前為止，還沒有解答。如果你能夠幫助孩子了解，在某個情況下學習到的能力可以如何運用在另一個情況，會更有可能轉移成功。例如，父母告訴玩虛擬寵物電玩的孩子：「布萊德，在決定要不要養寵物之前，我們先來想清楚需要具備什麼條件？」

在生活中汲取教導孩子的機會

建立執行能力還有另一種好玩又引人入勝的方法：在現實生活中教導孩子，像是計畫吃些什麼、烹煮食物、採買家用品、選購衣服、計畫出去旅遊、上銀行理財。我們不是要談如何指派工作給孩子，而是要讓孩子參與對全家人重要的活動。這些活動會是很理想的教學方式，因為它們都內藏誘因（可以買到或吃到你選擇的東西、把錢放進銀行，或是在假期中做些好玩的事）。除此之外，這些活動也在過程中提供一定範圍的選項（從加入什麼食材，到準備出一頓餐點），以及某種程度的獨立自主。雖然任何年齡都可以參與這些活動，但我們建議從年幼時就開始，因為兒童比較可能對這些選擇感到興奮，不會把這類活動看成是家務勞動。

如果這些活動的效果不錯，有一些要點必須謹記於心：

- 為了示範能力、詢問關鍵問題、鼓勵孩子，你必須是個既積極又有空的參與者。你不能只是邀請孩子來參與擬訂計畫，然後就任由他把時間花在電玩遊戲上。
- 孩子必須在活動中擁有一些選擇權和決定權。如果孩子參與備餐計畫，最後家裡卻沒有真正準備這些餐點；如果擬了購物清單，卻沒有購買單子上列出的項目，孩子就會興趣全失。也就是說，在你把孩子拉進來幫忙的時候，你必須要決定好哪些選擇是你能夠接受的。如果「垃圾食物」不是你的選項，就要事先確定孩子明白這件事。
- 做好準備，精確估量出孩子的興趣、注意力長短、耐力限度，並提供孩子足夠的支援，讓他能夠順利而適切地面對眼前的任何工作。為了幫助孩子維持專注和興趣，最好是早一點讓孩子知道，你會很感謝他幫忙決定用餐、羅列購物清單、規畫旅遊等諸如此類的細節。

父母的稱讚是孩子的第一股動力。

對比較年幼的孩子來說，尤其重要的是活動要短、選擇要明確，當他一出現注意力渙散的跡象或失去興趣，就和孩子道謝，結束他的參與。之後，等到孩子的選擇已經執行了，記得讓全家人、朋友，或是任何在附近的人知道有這麼回事（「艾莉今天晚上幫忙決定了菜單。」）。大一點的孩子可能會願意付出更多的時間或希望參與得更多，像是找食譜、搭配餐點、搜尋度假地點。只要選項夠明確，就鼓勵他們在整個過程中盡量參與。

直接引導六步驟，養成孩子的好習慣

到目前為止，所有我們討論過的非正式方法，都可以有效地幫助孩子，但你可能還是覺得孩子所欠缺的執行能力，需要更直接的引導才行。所以，接下來我們要談的是一種指導的順序，可用來教導各種行為。

Step 1 確認你想解決的問題行為

聽起來好像很容易，其實不然。你愈為孩子感到沮喪，他的問題行為就愈可能無法清楚描述。我們可以說某個孩子很懶散、不負責任、懶惰蟲，或什麼都很馬虎，但這些字眼並不足以讓我們找到教導執行能力的起點。真正有用的描述會讓我們看到或聽到缺陷行為；也會確認問題何時發生，或在什麼情況發生。以下是一些描述的實例：

- 一到該做功課的時候，他就哀哀叫。
- 如果沒有人提醒，他就不會把家事做完。
- 把個人物品丟得到處都是。
- 草草做完功課，結果是一團糟，粗心錯誤一堆。

為什麼界定問題行為很重要呢？因為它幫你澄清了真正要教的是什麼。教人別當懶惰蟲，聽起來好像是一件很困難的事；但是叫孩子把客廳地板上屬於自己個人的物品拿走收好，就比較容易做到。

Step 2 設定目標

所謂目標經常是指正面重述問題行為。目標說明了期望孩子做到哪些能用一句話描述出來、可以被看到或聽到的行為。如果是針對上一步驟問題行為，目標可能是這樣：

- 不抱怨便開始做功課。
- 不需要提醒就準時完成家務。
- 睡覺前把個人物品從客廳拿走。
- 乾淨俐落地完成功課，而且錯誤極少。

有些時候，你可能只需要把目標記在心裡。在我兒子高中畢業之前，我希望他可以自己把房間裡的東西整理好；這個目標可能就屬於這種類型。不過，面對那些棘手卻又很重要的執行能力弱項，點明目標會很有用。「記得把運動用具和回家功課從學校裡帶回來」，就是我們應該直接和孩子說清楚的目標之一。

讓孩子參與目標設定：讓孩子參與目標設定的過程，會比直接命令他們去做到什麼，要來得更有效。你可能已經注意到，稍早在本章談到鷹架用語時，就提過這種想法：任何鼓勵參與、獨立自主、批評性思考的事，都會增強執行能力。

設定中程目標：設定最終目標很重要，但目標不是一蹴可幾，所以你有必要設定中期目標。你的最終目標可能是孩子不用提醒就會自動做功課，但你的早期階段性策略，可能得以「孩子最多被提醒三次，就會去做功課」為目標。

要怎麼知道中程目標合不合理呢？理想上來說，你先找到一個基線——測量目前的行為，然後設定出一個比現況稍微有點改善的中程目標。所以，如果你發現女兒通常要提醒五到六次才會去做功課，或許就把「提醒至多三、四次」做為合理的第一步目標。「測量目前的行為」，真的就是指測量。像剛剛的例子，確實計算行為發生的次數。測量的範例做法如下：

- 計算從孩子說了自己會開始做，到他真的開始，要花多久的時間？
- 計算持續了多久的時間。例如，喬伊說他每天會花三十分鐘練習小喇叭。媽媽不認為他會持續那麼久，所以她測量喬伊實際練了多久，如此她和喬伊討論問題時就有一些數據可用。
- 算出行為發生的次數。這可以是正面的行為，也可以是問題行為。如果行為發生的次數相對來說很少，你可以一整天來計算。如果行為經常不斷發生，就鎖定在一天當中的某個時段。

• 計算孩子去做你要求的事情之前，需要提醒他多少次。
• 設計出一個評分表，評定問題行為的嚴重程度。如果孩子有管理壓力或焦慮問題，可以用這個總計5分的評分表來測量他的焦慮程度為何：

1分—我做得很好。
2分—我有一點擔心。
3分—我現在覺得緊張。
4分—我真的覺得很難過。
5分—我失控了！

如果你無法或不想訂定精確的目標，你還是應該把「有一些改善」當成中程目標。隨著時間過去，如果你認為改善不如預期，可能得回頭做更精確的測量，才會知道情況到底如何。

Step 3 列出孩子為達到目標所需遵守的步驟

我們將在第三部分運用父母認為最讓他們感到頭疼的問題行為種類，提供許多相關範例。但現在我們先來看看紀子，她和媽媽一起針對出門搭校車上學前該做的工作，列出了一張表（如左頁），依序完成。然而，學習管理情緒、控制衝動或沮喪的能力，卻比較不容易用這種流程來思考。不過，我們還是會在第三部分用一些例證來告訴你可以怎麼做。

Step 4 把步驟列表格或製成規則清單，以供孩子遵循

這種做法一舉數得；首先，它強迫你簡單扼要地思考你想教給孩子的技能。其次，它為指導

工作提醒次數頻率紀錄圖

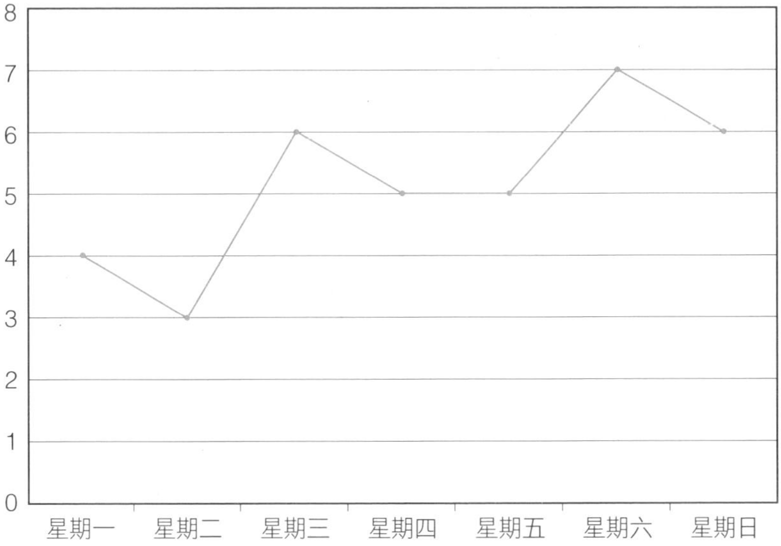

上學前準備流程一覽表

★《執行力訓練手札》p351收錄空白表格★

任務	提醒次數標記 （可以正字或斜線註記）	已完成 （打✓）
起床	下	✓
換衣服	丁	✓
吃早餐	下	✓
刷牙	一	✓
梳頭髮	✗	✓
拿好書包準備出門上學	✗	✓

步驟留下紀錄，讓你和孩子可以有所依據，並記住流程。第三，透過逐一核對清單上的項目，孩子從努力完成的紀錄中，得到滿足感；而在朝向更大目標（完成任務，或隨著任務完成而來的獎勵）前進的途中，這個動作也讓孩子獲得了更強的動力。最後一項好處，是它建立了責任感，因為它記錄了孩子的確在做他答應做到的事。

紀子和媽媽製作了一張可供遵守的作息圖示表。另外還有一種方法，也可以幫助孩子好好按規矩行事，那就是製作一張「任務流程檢核表」，加入你在每個步驟提醒孩子幾次的欄位。如果每天早上都要不斷提醒孩子去做該做的事，讓你苦惱不堪，這張表格會很有用。**只要你用這張核對清單一個星期，就會清楚地看到問題到底出在哪些環節（需要最多次提醒的步驟是哪幾個）**。《執行力訓練手札》第351頁附一張空白通用表格，讓你依據自己所要教導孩子的特定能力，設計出一份專屬的流程核對表。

在我們進到下一步之前，先來討論一下我們想教導孩子的一種技能。例如，十二歲的陶德經常情緒失控，但最讓他爸爸受不了的，是他一碰到功課不會寫，就馬上胡鬧起來，尤其是數學作業。爸爸決定和他討論，找出一些處理數學挫敗感的好方法。陶德的爸爸很有概念，他知道在陶德發飆時和他談這種事，不會有什麼好結果，所以他等到陶德結束作業，比較平靜時再談。

爸爸先告訴陶德，這次他做功課的情況比以前好很多，然後問陶德可能的原因是什麼。陶德說：「呃，我很清楚要做什麼，我記得老師告訴我們該怎麼做。在我記不起來或以為我記得，結果卻行不通時，就會很生氣。」爸爸問他，在還沒開始做功課前，是不是就會知道有沒有問題，還是要等做了才知道？陶德答道：「都有，但我最生氣的是，我以為我會做，卻做不出來。」

藉由同理心和心理學家所謂的「反映傾聽」（reflecting listening，用「所以你覺得很火大，很想把數學課本砸到牆壁上，是吧？」反射出孩子的情感），爸爸得以讓陶德好好思考可以做哪些事，來幫助自己控制挫敗感。最後，陶德同意在做數學功課時，要是覺得自己就要生氣了，就去做兩件事。第一件，是離開位子幾分鐘；換言之，就是安靜下來。陶德同意在這種時候，起身離開書桌，到客廳坐一下。第二件，如果沉澱腦袋並沒有解決問題，陶德同意找爸爸來幫忙。

如此一來，處理數學問題的規則可簡化成：「走走和談談」。爸爸拿了一張提示卡，寫下：

> 數學生命線
> ❶ 走走
> ❷ 談談

他把這張提示卡貼在陶德的書桌上，做為提醒。

Step 5 監督孩子依流程步驟做，漸漸內化成習慣

在此，父母要了解一件相當重要的事，那就是，父母不能期待孩子聽過一次步驟流程解說之後，就學會那項新的能力；因為這好比孩子只練過一次棒球，就認定他能遵守整套棒球規則。兒童在練習新的能力時，需要持續的支援和監督，這樣的支援應該是理所當然的，父母不該有任何抱怨。

我們建議這個步驟是由一到兩回合的練習來開始，我們可以稱之為「試車」。紀子和媽媽做好了作息圖示表之後，她和紀子演練了各個步驟：一開始是紀子躺在床上假裝睡覺，然後媽媽走進房間來說：「紀子，起床囉！」紀子隨即跳下床，走到房間裡貼了那張作息圖的衣櫃前，把

「起床」從「待做的事」移到「已完成」的區塊。接著，她再假裝換衣服、移動作息表上的第二張圖示，然後一路進行每個步驟，直到最後。

紀子和媽媽這時已準備好開始全套流程的第一次生活實測了。剛開始的第一個星期，媽媽必須提醒紀子使用作息圖表。媽媽很開心地發現，在紀子把每張圖片移到「已完成」區塊的時候，紀子會順便看看圖示表上的下一個步驟，所以自然引導她朝向下一步行動，過不了多久，媽媽就完全不需要去催促紀子了。

對陶德的爸爸來說，說服陶德去演練一遍管控挫折感的流程，就比較難一點。陶德畢竟正值青春期，覺得這種角色扮演「很蠢」。所以爸爸決定把自己當作陶德，把流程表演一遍給陶德看，他還貼心地在示範過程中安排了一些笑點，讓陶德更投入些。他假裝對數學課本罵了幾句，然後作勢把課本扔向牆壁，但他停下了動作說：「等一等！」現在，他故意裝了一個腔調：「爸爸要我下樓走走。好吧，我就走一走。但是，我不會喜歡的啦！」他在角色扮演中，成功模仿了陶德可能會出現的喜劇橋段。他們還表演了兩種不同的因應方法：一種是陶德下樓走走就能讓他心平氣和回歸正軌，另一種是他還必須尋求爸爸的協助。

有了排演經驗，陶德第一次運用這個流程時，就不覺得彆扭。不過，剛開始的幾週，每晚他開始做數學功課前，爸爸都會問問他說：「陶德，你記得若發現自己快抓狂時，打算怎麼做？」一段時間之後，爸爸注意到陶德已經會把同樣的流程，運用在其他令他感到挫敗的家庭作業上。

Step 6 逐漸減少監督的頻率和強度

這其實是在重複第五章提到的最後兩項原則：錯誤的發生往往是因為大人沒有提供孩子足夠

時間的支援，以及未逐漸減少這些支援。但是，該如何逐漸減少支援呢？

教養案例9

剛升上七年級，學校作業進度跟不上……

和孩子討論實際問題原因

十三歲的莫莉現在七年級，她在新學校的作業量比之前六年級多很多，其中也有部分原因是她第一次開始跑科別教室，而各科老師在作業方面並沒有協調得很好。第一次成績單發下來時，莫莉的父母發現她很多作業沒交，而且好幾科可能會被當掉。他們和莫莉討論這件事，莫莉說：

「那麼多件事要做，我跟不上。而且我老是忘東忘西！」

與莫莉的級任老師談過之後，莫莉的父母發現各科老師都會把家庭作業的內容放到學校網站上。所以他們和莫莉約定好，每天開始做功課的第一件事，就是上網查清楚當天作業的要求，並擬訂計畫。他們一起研究出一套可以讓莫莉完成作業的表格，讓莫莉把當天有作業的科目，以及她計畫什麼時候開始的時間列出來，他們還加了一個欄位，讓莫莉做完功課時可以在上頭標記註銷。

媽媽逐步調整監督程度

起初，下午媽媽下班回家時，莫莉和媽媽一起把作業表格填好，但她需要提醒才會在約定好的時間開始做功課，或者在做完時於作業表上標記註銷。慢慢地，媽媽發現莫莉需要人提醒和在旁監督的次數減少了，她可以鬆手不少。到了七年級結束前，莫莉每天都持續上網確定功課，並製作簡單的作業表，對莫莉來說，已經成為例行公事，更詳盡的計畫表就完全用不到了。

逐漸減少監督孩子的步驟

規畫家庭作業流程後訓練孩子獨立程度，逐步放寬監督細節如下：

- 在有人協助下填好表格；需要有人提醒才會在完成作業時，使用表格。
- 需有人提醒使用表格，並監看整個過程。
- 需有人提醒使用表格，在完成時前往查看。
- 需有人提醒使用表格，最後並不需要人查看。
- 獨立使用表格，不用人督促提醒。

訓練四階段：
父母主導、規畫步驟、詢問與提醒、轉換與內化

我們可以用另一種常見的小孩工作：清理房間，再舉例說明這整套流程。就像兒童的語言需要時間來發展一樣，要他們學會獨立清理房間，也是需要時間的。

階段 1 父母主導＝代替孩子的額葉做決定

剛開始，決定教導孩子如何清理房間的父母，扮演著孩子的額葉的角色。那麼，額葉該做些

什麼呢？

- 提供有條理可循的計畫方案，以及一套指南。
- 監看執行狀況。
- 提供鼓勵／刺激，並在有成功表現時予以回饋。
- 出現行不通的狀況時，解決問題。
- 決定任務何時完成。

也就是說，教導孩子清理房間的第一階段「父母主導」，父母可以在監督孩子的過程中跟孩子明確地說明目標，如：

- 「我們開始吧！」
- 「把你的卡車放進盒子裡。」
- 「把髒衣服放到洗衣間。」
- 「把書放到書架上。」
- 「床底下還有兩個玩具。」

家庭作業日程計畫表

★《執行力訓練手札》p360收錄空白表格★

日期：＿＿＿＿＿＿＿＿

科目／作業	資料是否備齊？	我需要幫助嗎？	誰會幫助我？	需時多久？	何時開始？	已完成（✓）
數學／習作第三單元	☑是 □否	☑是 □否	爸爸	半小時	7點	✓
地理／畫住家位置圖	□是 ☑否	☑是 □否	媽媽	一小時	8點	✓

•「好像這個盒子裝不下所有的玩具，我們得再去找一個來。」
•「等你清理完了，就可以去找朋友玩。」
•「我知道你討厭做這件事，但是你已經快做完了，到時候你就會覺得很棒！」
•「今天所有的工作都做完了，這樣不是很好嗎？」

階段2　規畫步驟＝以任務清單提醒孩子做事流程

❶界定你想要處理的問題行為。
❷設定目標：
•讓孩子參與目標設定。
•設定中期目標。
❸列出孩子為達到目標所需要遵守的步驟。
❹將步驟列表或製成規則清單，以供遵循。
❺監督孩子依流程步驟做，漸漸便能內化。
❻逐漸減少監督的頻率與強度。

在第二階段「規畫步驟」，父母提供相同的資訊，卻不再扮演直接指揮者。他們設計清單列表、畫出圖示作息表，或是用錄音帶來提醒孩子。在這個階段，父母不是告訴孩子怎麼做，而是和孩子說「去看你的那張表」。

階段3 詢問與提醒＝將責任交給孩子

在第三階段「詢問與提醒」，父母再退後一步，他們不再告訴孩子去看那張表了，而可能會說：「你現在需要做什麼呢？」藉由詢問而非告知，提出一些有點模糊的問題，父母迫使孩子靠自己來解決一些問題，或是至少重複自己下一步要做什麼的工作記憶。

階段4 轉換與內化＝孩子學會獨立自主

在第四階段「轉換與內化」，整個轉換完成。孩子可能會在星期六上午醒來時，環顧自己混亂的房間，對自己說：「我現在應該做什麼呢？」當然，孩子現在有可能已經是青少年或小大人了！要讓孩子把這種過程內化，有時候需要一段很長的時間。不要感到絕望，孩子學得會的。只要你確定他們能夠受到激勵，整個過程還可能會加速，或至少維持在常軌上。而這將是我們下一章要談的主題。

第8章

第三法門：激勵孩子運用執行能力——C後果（Consequence）

教養案例10

小孩玩具亂放、玩電玩超時、迷上滑雪且忽略課業

激勵方法1

激勵方法2

瑪麗莎三歲，她的父母想讓她開始自己收拾玩具。父母當中一人會陪著瑪麗莎在睡覺前把遊戲間整理好，並把這件事變成瑪麗莎睡前儀式的一部分。在他們收拾玩具時，爸媽會說一些鼓勵的話，讓瑪麗莎可以繼續整理下去（「我們已經把拼圖收好了，現在只要再把妳的娃娃收拾好就可以了。」），收拾完畢後，會讚許她的大力協助。他們知道這樣的鼓勵對瑪麗莎很有效，因為他們有一天正要讚許瑪麗莎時，聽到瑪麗莎自己讚美了自己：「我很努力，對不對，爸爸？」

瑞吉九歲，喜歡玩電動玩具，一玩就是好幾個小時，爸媽發現他們必須對他玩電玩的時間設下限制，他才有時間去運動，呼吸新鮮空氣。一天，瑞吉放學回來時，爸媽告訴瑞吉，他們擔心他花太多時間在電玩上，運動得太少。他們要瑞吉想想可以怎麼做？他們彼此同意新規定：每天晚上不能玩電玩超過一小時，而且如果當天他沒有做一些戶外活動，也不能玩電玩。

羅根十三歲，熱愛滑雪。不過，最近他看到朋友都在玩滑雪板，他也很想開始這項活動。去年一整個冬天他都吵著要爸媽買滑雪板給他，可是他想買的是頂級滑雪板，因為這樣他才可以和別人飆速。父母打從羅根中學開始就很擔心他上學的態度，怕他變成一個不在乎學業、不想進大

激勵方法 3

學的學生，所以總是想辦法鼓勵他努力求學。羅根升上八年級時，他們和羅根談到他們的顧慮。他們和羅根說，如果他可以想出讓自己願意努力念書的事物，他們願意與他達成某種協議。羅根說，他真的很想擁有那種滑雪板。所以他們達成了一項協議，羅根的考試成績必須以至少拿到B為目標：他在一星期內的測驗成績所拿到的C如果不超過一個，就可以得到二十分。每拿到一個B＋或更好的成績，就可以再加五分。如果在聖誕節前累積到三百分，爸媽就同意買滑雪板給他，做為聖誕禮物。

專家分析

激勵，能讓孩子產生動機

這三個案例用了不同的策略激勵孩子發展執行能力。有時候，就像瑪麗莎的例子，簡單到只需對孩子的行為說點正面的鼓勵就夠了。至於瑞吉的例子，只要確定孩子在得到他想要的東西之前，先做到必須做到的事。但我們也承認有時激勵策略得經過一些精心設計，就像羅根的例子，需要一套仔細的計畫和監督。

激發動機非常重要；不管你正設法讓孩子在你設計的引導過程中謹守規定，抑或你只想鼓勵孩子運用他本身已經具有的執行能力。有些父母常採用懲罰的方式，但我們寧可採用鼓勵正面表現的做法。**處罰的最大缺點，在於它只是告訴孩子不該怎麼做，並沒有告訴孩子該怎麼做。而且把重點放在負面上的做法，很有可能會破壞親子關係。常有懲罰過孩子的父母告訴我們：「我已經無技可施了。」而孩子則是說：「反正我也沒什麼好在乎的。」**

用讚美來加強執行能力

在前述的第一個案例裡，純粹只是讚美和表揚孩子。父母可以這樣對五歲的孩子說：「你好棒喔，不用我們提醒你，就記得在吃完早餐之後去刷牙。」如果你不太相信「良性循環」，請記住，我們現在是在和孩子打交道。他們永遠都在期盼你的認可，得到認可絕對會鼓勵他們重複這項行為，因為這樣你就會重複讚美。

事實上，我們發現父母促進兒童行為改變的種種方法中，讚美是最不被重視、也最不常使用的一種。行為專家通常建議父母在直接糾正孩子時，要先講出三句正面的話。這在實際操作上有難度，但仍是個值得努力的目標。我們也要指出，有幾種讚美特別有效。泛泛的讚許（「好孩子！」「做得好！」）往往比不上針對孩子個人的讚美，被讚美的行為也會因而強化。

如何有效的讚美？

❶在正面行為發生時立即予以表揚。
❷把完成的事特別詳述出來（你在我提醒以後，馬上就把玩具收拾好，真是太棒了。）。
❸提供資訊，讓孩子明白所完成事情的價值（如果你很快就準備好上學，我們上午會順利很多！）。
❹讓孩子知道他很努力地完成任務（我看到你真的很努力在控制自己的情緒！）。

❺引領孩子更欣賞自己與任務有關的行為，並思考解決問題之道（我喜歡你想事情的方法，你也找出了解決這個問題的好辦法。）。

在終點給些甜頭，讓孩子覺得付出有回報

除了讚美以外，另一個最簡單的激勵方式，就是讓孩子期待運用被要求的能力。大多數父母用這種老掉牙的招數，要求孩子做他們不想做的事，效果都不錯。我們發現，在做完一件很討厭的工作時，如果能得到一點回報，就能產生鼓動人心的效果。用比較技術性的用語來說，這種方法激發正向驅力，可以擊倒任何負面思維或情緒。它對大人和孩子都有效，就算只是小小的回報，也可能很管用。

使用正向激勵的話語，別用負面措辭

大人經常會對孩子說：「你要是沒有整理房間，就不能玩電玩。」或是「要是你沒有把乾淨碗盤歸位，就不能出去玩。」我們強烈建議你把這些話改成正向用語：「把房間清理好，就可以玩電玩。」或是「把碗盤放回原位以後，你就可以出去玩。」其中的差異似乎很微妙，但我們深信它意義重大。

當你強調的是孩子期盼去做的活動，而不是他討厭做的事，就是讓孩子把目光放在獎勵上，而不是他必須先完成才能得到獎勵。這樣的轉變真的很有效：遵循指示的行為增加了，抗拒任務

和掙扎的行為減少了。而這些現象都在大人對孩子運用正向表述而非負面措辭時出現。

必要時，運用比較正式的獎勵制度

讚美不見得一定能激勵孩子運用較困難的能力。在這種情況下，你可能會發現運用比較正式的獎勵制度，會有所幫助。如果孩子有過動症，你或許已經很熟悉這種獎勵制度了，如果你還不太熟悉的話，可以照著以下步驟：

Step 1 描述問題行為並設定目標

這聽起來可能挺耳熟的，因為它正是我們在前一章談到教導執行能力的前兩個步驟。如果你還記得的話，把問題行為和目標行為盡可能描述得清楚，這很重要。例如，如果孩子老是忘記放學後做該做的事，目標可能是「喬伊不用人提醒，就會在下午四點半以前完成每天該做的事。」

Step 2 決定可以獲得的獎賞和備用方案

設計獎賞制的第一步是建立一套流程，讓不情願做的事永遠比情願去做的事優先。在必要時，孩子如果有一套獎賞項目可以選擇的話，獎勵制度會運作得最為理想。而**設計獎勵制度最好的方法，是設計出積分制，讓孩子可以因為目標行為贏得積分、換得獎賞。**

獎賞愈大，孩子要賺取的積分就愈多。獎賞的項目應該包括花一個星期或一個月才能得到的較昂貴犒賞，以及每天可以換取到、不那麼昂貴的小型獎勵。獎賞可以是物質的（例如，愛吃的食物或小玩具），或是以活動做為報酬（例如，有機會和父母、老師或朋友玩一項比賽）。準備好應變的方案也有其必要；通常是任務完成後可以享有一項特權（例如，多看一個喜愛的電視節目，或是可以打電話給朋友）。下頁表格是針對改善放學後該做的事的獎勵制度設計範例。（空白表格參見《執行力訓練手札》第349頁）

這本書主要是針對在家裡可以做到的事，然而，如果能將孩子在學校的目標行為表現和在家裡獲得的獎賞連結起來，會是一個改善執行能力的好辦法。它之所以有效，有幾個原因：第一，它提供家庭和學校共同面對問題的良好管道。第二，它可以充當家庭和學校正面溝通的機制。第三，父母手上可用的激勵資源往往會比老師來得多。當家長和校方共同合作時，家庭聯絡簿通常是老師對父母溝通，讓父母知道如何給孩子當天應得積分的工具。

Step 3 寫下行為契約

這項契約必須明確說出孩子同意做的事，以及父母的角色及責任為何。除了給予積分和獎賞之外，還要記得讚美孩子遵守這項約定。避免採用那些你沒有辦法執行的懲罰。下頁是結合獎勵制度的行為契約範本，在《執行力訓練手札》第350頁附有空白表格，你可以用來設計獎勵制度、謄寫行為契約。

Step 4 評估成效，在必要時調整

我們必須提醒你，根據經驗，鮮少有獎勵制度在第一次實施時就臻至完美。這是因為孩子們

獎勵計畫表範本

★《執行力訓練手札》p349收錄空白表格★

・問題行為

放學後忘記做好該做的事

・目標

不用人提醒就能在下午四點半之前做完該做的事

・可獲得的獎賞（孩子每達成目標一天就得到1分）

每天（1分）	每週（5分）	長程獎勵
多看一個電視節目	可以租電玩回家	買電動玩具（20分）
多玩一場電動玩具	週末晚上和朋友出去玩	買CD（12分）
和爸爸比一場球	媽媽會做好吃的點心	出去吃飯（15分）
晚睡半小時	可以選擇晚餐吃什麼	

・應變方案

放學後做完該做的事就可以和朋友玩

事情做完後就可以看電視／玩電玩

行為契約範本

★《執行力訓練手札》p350收錄空白表格★

小孩同意：不需別人口頭提醒，就在下午四點半之前，做完該做的事。

為了幫助孩子達成目標，父母會：在孩子放學回家前，在廚房的桌子上放一張待做事項清單。

小孩子將得到：不用人口頭提醒，就做完該做的事，當天可得5分。積分可以換取獎賞單上所列出的項目。

如果孩子未能遵守協議，孩子將：得不到任何積分。

都很厲害，懂得在行為契約裡找出漏洞。一般來說，在契約真正照你的意思順利運作之前，契約規則、給分方式或獎賞選擇必須做些修改，是很常見的事。

父母經常會問，他們要怎樣才能夠只對家裡其中一個孩子實施這種制度，畢竟，這種制度看起來似乎是在「獎勵」有問題的孩子，忽略了其他沒有相同問題的孩子。我們發現，如果對問題孩子的兄弟姐妹詳細解釋，大多數的手足都能理解這樣的過程。不過，如果有問題的話，你還是有一些選擇：

❶ 為其他孩子設計適當目標的類似制度（每個孩子都會有需要加強或改善的事）。

❷ 不時為家中其他孩子做些不那麼正式的安排，答應他們一些事，讓他們不覺得被遺忘。

❸ 讓孩子所得到的獎賞對全家都有利（例如去餐館吃飯）。

運用激勵計畫，通盤強化執行能力

我們之前提供的範例，都是鎖定在需要改善的特定目標行為上（記得做該做的事、獲得好成績、收拾玩具等）。你可以運用相同的策略，幫助孩子更廣泛地發展出執行能力，而不只是著重在單一行為上。比方說，如果你決定著力於孩子任務啟動的能力，每當孩子不用人提醒就開始某項任務時，就可以對孩子強調它：「謝謝你一放學回家就把洗碗機裡的碗盤清空了。」「我喜歡你照我們之前同意的那樣，在五點整的時候開始做功課。」這些都是針對任務啟動能力所使用的特定讚美。如果你覺得你需要用更強而有力的方式來強化它，那麼每當孩子立刻或是照約定時間，就開始做某件事，你就可以畫一個星星，等到格子畫滿了（或是累積到約定的數量），他就可以換取獎賞（親子共同討論約定的獎賞）。

讀到現在，你應該已經對處理孩子執行能力弱項的三大方法（前因、行為、後果），有了基本的了解。在第三部，我們將轉為實際應用。所以，要是你還不確定如何運用目前為止所學到的東西，繼續讀下去就對了。我們會將身為父母和臨床研究者的經驗提供給你，讓你明白，因孩子不完美的執行能力而在日常生活中產生的種種問題，可以如何解決。

第三部

11 種執行力訓練應用，讓孩子學會獨立

目標：從20項最常見的問題，歸納11種執行能力訓練，各個擊破孩子的散漫態度！

如果你希望成為孩子在青春期的優秀導師，就必須扮演介於父母和教練之間的角色。你要鼓勵孩子觀察多種選項，並從中做出選擇和決定。從父母的觀點來看，讓孩子收集資訊、建立選項及共同做出決定的過程，看起來可能是沒有效率的。但是，我們的重點在找到一個有效率、由父母創造的解決辦法；我們的目標是希望父母能給孩子提供一個架構，讓孩子透過反覆的體驗，學會自己應用這個架構。

第9章 事先規畫：好的開始，是成功的一半

我們一開始就承諾：父母可以透過我們的方法，輕鬆改善孩子的執行能力。在能力和時間許可範圍內，父母一定可以在孩子身上看見能具體衡量成效的結果。我們想讓你更輕鬆地走過整個過程，所以把以下這些至關緊要的經驗法則，傳授給你：

經驗法則1 起初只提供最低限度的引導

父母閱讀這本書的目的，應該是想加強孩子所需的成功能力，也讓自己輕鬆一點。所以在一開始，請盡可能在最小的範圍之內引導：

- **如果只需把環境做些調整，就可以讓孩子的行為內化，那先這樣做。**在廚房桌上放一張寫著「放學後，請先去遛狗」的紙條，就是調整環境的例子。紙條一連留了三個星期之後，如果不再繼續留，孩子還會不會記得？如果他仍然記得，就表示工作記憶已經內化。父母要求孩子估計自己要花多久時間做功課，若他估得愈來愈精準，就表示他的時間管理能力愈來愈棒了。
- **如果你認為孩子具有某項能力，但需要再多加運用，或許用點獎勵來刺激他就夠了。**你替

女兒準備文件夾，讓她記得做好回家功課後放進去，但她卻老是把作業混在別的書本裡；這時獎勵就可能奏效。也許你家兒子需要旁人協助，才能學會不再欺負弟弟，你的獎勵措施可能是：鎖定晚餐前一小時，每十分鐘確認一次，只要他沒有對弟弟惡言相向，就在表格裡畫一顆星星，如果晚餐前他集滿四顆，就可以吃他最愛的飯後甜點。

- **如果你認為透過一些鷹架用語和遊戲，就可以對孩子產生實質效果，就先這樣做。**玩遊戲特別適合用來學習勝不驕敗不餒（能發展情緒控制力）；同時也是在學習輪流、或包容同伴比較不足的技能水平。

不過，有些能力可能還是需要教導才學得會，某些能力還可能要運用多重方法才能習得。例如學校的長期作業，除了要有人教導，還要有人帶他練習幾遍。另外，時間管理能力也是。如果你家小孩不明白某些事要花多久做完，你可以教他預估時間的技巧，多練習幾次讓他學會。

假如，父母教導孩子學習某個能力，孩子的確也練習了，但狀況發生時，他卻又臨陣脫逃或拖延敷衍，該怎麼辦呢？這時候正意味著你有必要多管齊下。因為，有時候光是知道該怎麼進行是不夠的。當孩子發現有些能力要花很多力氣才能做好時，他們往往會想盡辦法逃避。在第九章至第二十一章會告訴你，遇到這種情況，可以怎樣結合激勵措施、對症下藥，設計出一套方案，讓孩子原本覺得「不可能的任務」，變得可以掌控。當你需要更明確地鎖定目標、選定做法，讓孩子學習他欠缺的能力時，你得這麼做。

經驗法則 2

奠定有效策略的原則——反覆溫習與調整

這一章提供了執行能力發展遲緩的引導指南。這些原則是本書所有策略的基礎。要是有某個策略你運用了之後覺得行不通，回來重新溫習本章，你可能會發現，原來是你忘了某項重要原則，需要微調整現有的策略。

經驗法則 3

解決特定的日常例行事務

不斷有父母向我們提及一堆日常生活中常見的與執行能力欠缺問題。學齡前或低年級兒童的父母常抱怨，孩子沒辦法做好上學前的準備工作、上床睡覺拖拖拉拉、不能好好把房間整理乾淨。小學中高年級或中學生的父母則經常抱怨孩子功課做不完、作業簿雜亂無章或無法切實執行學校的長期作業。我們都知道，日復一日地為這些事親子大戰，你和孩子的日子都不好過。第十章會提供父母們詳盡的計畫，包括各種執行計畫所需的表格或核對清單，它們針對的是孩子因欠缺執行能力而衍生問題的二十項日常例行事務。

選定一項例行事務做為開始

如果你檢閱第十章起始時列出的日常事務清單（參見第153頁），立刻就找出每天最頭疼的那一項，它應該就是你的眼中釘、肉中刺。但要是你檢視清單，發現可以立刻挑出的項目竟然多達十來項，該怎麼辦呢？要從哪裡開始才好？以下是我們的建議：

- 若把某個問題打理好，能讓孩子和你的生活順利許多，就從那個問題開始著手吧！改善生活品質是我們的基本原則，通常也是最好的起點。
- 從小一點、容易著手的問題開始。這種做法可以讓你快點嘗到成功的滋味、建立信心，進而邁向更大挑戰。此外，你也可以把某項例行事務拆解成幾部分，讓它變得簡單一些。
- 讓孩子有權選擇先從哪個地方著手。這個方法可以增添孩子對解決問題的自主權，滿足孩子掌控事情的欲望。
- 選擇一個有人可以分憂解勞的事情。如果你和另一半都同意鎖定某個問題可以共同分擔解決，就可以少費一些力氣，這種情況下採用的引導，可能更有效。把整件事看清楚，然後決定誰在什麼時候做什麼事，也要確定彼此對細節意見一致。別小看細節，問題就藏在細節裡。
- 為長程目標設想。這點對年齡較大的孩子格外重要，因為他們逐漸邁向成年。例如，當你了解到十三歲的兒子在很多方面的執行能力有問題時，該把重點放在哪裡才好？你可以問自己，如果想在大學和在未來工作上成功，哪些能力是不可或缺的？在這種考量下，你可能會判定整理房間的順位較低，但準時交差和記得自己該做的每一件事，應該擺在優先順位。

你要為孩子打下哪些執行能力基礎？

第十章列出來的每一項日常例行事務，都標註了需要具備的執行能力有哪些。你會發現每天都在做，卻也一定會出問題的這些例行公事，其實都同時運用到好幾項執行能力。例如，早晨沒辦法好好準備上學的孩子，往往在任務啟動、持續專注、工作記憶等方面覺得吃力。正因如此，因應某個問題而採取的引導方法，會同時改善多種不同的執行能力。當然這也意謂，如果因為協助孩子改善某件事情的表現，其他運用到相同技能的事，即使未直接處理，也會連帶改善。

經驗法則 4

鎖定特定的執行能力弱項

如果你的孩子明明問題百出，但是你在第二章依據我們提出的線索，卻只能判定出孩子執行能力的一、兩項缺陷而已；或是你發現第十章羅列出來的事，並不是孩子日常生活真正棘手的問題，那麼你應該會想要設計一套自己專屬的協助引導策略。有些人也可能會運用我們在第十章設計的日常事務引導法，設計自己的計畫方案。

我們從第十一章開始到第二十一章，將逐一深入探討各項執行能力，幫助你進一步檢視孩子特定的執行能力缺點，我們也會讓你看看別人設計了哪些有效的引導法。你可以在上述各章中，揀選任何一項孩子所面臨的問題，針對它設計出方法來，協助孩子進行演練和改善。我們除了提供完整的引導方案，也針對強化各項能力提出一些訣竅。

成功設計引導策略的原則：以孩子為中心，保持修改彈性

不論你是要用我們設計好的引導法，還是自己設計，如果你能牢記以下的這些原則，會比較容易成功。

- **協助孩子成為計畫的主人**。讓孩子盡可能參與設計引導法，聽聽他的意見、納入他的建議、盡量尊重他的要求。我們在第五章提過，強化和形塑孩子行為的訣竅之一，就是讓孩子覺得自己可以主控。父母應該善用這一點。
- **謹記契合的重要性**。對你管用的事，不見得對孩子管用。特別是在組織機制方面。所以你得問問孩子，什麼方式對他有效。
- **和孩子腦力激盪**。光是腦力激盪本身，就可以奠定執行能力的基礎。如果孩子想不出什麼，不妨和他討論一番，或提供一些選擇給他，看看他覺得哪一項比較管用。
- **對於可能需要修改策略，先有心理準備**。先假設你第一個設計的計畫案會有所調整。第十章裡列出一些你可能會考慮的修正和調整。至於進一步討論各項執行能力的章節，我們提到很多狀況，都是一開始進行得還不錯，但後來就需要做些修補，才能發揮最大的效用。
- **正式執行前，一有機會就要多練習**。如果目標是鎖定在反應抑制或情緒控制這兩項能力，演練格外重要。因為現實中，事情發生得非常快速且突然，加上問題行為往往是在情緒激動時發生，事前演練得愈多，愈有可能在碰到大問題時，按照既定的腳本反應。
- **永遠記得給孩子許多讚美和正面回饋**。即便你採用了獎勵措施，還是不要忘了多加讚美孩

子。因為，即使我們採用了獎勵措施，最終還是希望孩子不要在意有形的獎賞。社會強化的力量（讚美和正面回饋）正可以幫助孩子從有形的獎勵中過渡到成熟階段。

- **一有機會就多運用視覺提示。**通常只靠口頭提示會變成「左耳進右耳出」的狀況。父母可以用口頭提示來提醒孩子去看視覺提示，如圖像化的行程表、核對表，寫下來的字條或標語。
- **由小處著手。**從問題較小的點出發，先打下成功根基，如此你和孩子可以立即感受到成功的滋味。等你們往更大的問題邁進時，別忘了最早實現的目標還是要維持。你的長程目標可能是讓兒子獨立完成所有的家庭作業。但比較合理的第一步，可能是讓他自己做五分鐘功課。如果你發覺自己要求可能過高了，就得減少一半。

另外，一有機會就找些計算方法來衡量發展情況，把結果圖表化。如果不確定方案是否有效，不妨設法收集資訊，尋求解答。**圖表對孩子來說，強化效果驚人。如果你正使用積分制，有一套回饋機制在進行，我們也還是建議你把這些分數轉化為圖表。**

如果孩子不想參與你的計畫，該怎麼辦？

如果你讀過了種種指導流程、範例和相關行為計畫以後，興匆匆地想要著手嘗試，孩子卻一點兒也不配合，你可以試著做下面這些事：

- **設法協商。**用放棄某件事來換取別的事（但要確定結果是雙贏）。
- **想辦法運用更有力的強化力量。**我們發現太過小氣，是父母和老師經常犯的錯誤。別忘了，我們是在要求執行能力有缺陷的孩子，去做需要他費力進行的考驗。如果獎勵無法激勵他突破那項考驗，他們一定會繼續抗拒下去。

- 如果你試過各種方法，孩子依然抗拒（尤其是青春期的小孩），你還是可以採用邏輯或自然結果。要求孩子必須按照你的安排去做，才能得到他想得到的某些特權。
- 如果各種做法似乎都徒勞無功，問題仍相當嚴重，可尋求外在協助，如治療師、教練或家教的協助。第二十二章提供了一些建議。

訓練計畫如何按部就班進行？

❶首先，試著調整周遭環境（第六章），運用鷹架用語和玩遊戲（第七章），或者予以獎勵。

❷如果這樣還不夠，進一步學習有效建立執行能力的策略原則（第九章）。

❸開始運用我們針對日常事務特定問題而設計的引導方案（第十章）。

❹如果還不夠的話，鎖定特定執行能力，多加努力（第十一至二十一章）。

- 依據一般性的建議，協助孩子更持續有效地運用薄弱的執行能力。
- 若孩子完全欠缺能力，依據「引導設計」步驟表，設計你自己的引導法（下頁）。

父母引導說明參見頁碼表

引導步驟	參考頁數
❶ 設定行為目標： 問題行為：________ 目標行為：________	 P121~122 P122~123
❷ 環境會提供什麼支援？（確認適用情形） • 改變實體或社交環境（如：增加實體障礙、減少分心、提供有組織的架構、降低社交複雜度）________ • 把任務變成孩子想去做的事（如：縮短時間、設定休息時間、提供誘因、設計作息表、加入選擇權、讓任務更有趣）________ • 改變與孩子互動的方式（如：預演、提示、教導、讚美、匯報或回饋） ________	P104~106 P106~108 P109~112
❸ 在教導執行能力後，接下來要做什麼？ 誰來教導能力／誰來監督流程？ 孩子接下來要做的步驟是什麼？ 1.________ 2.________ 3.________ 4.________ 5.________ 6.________	P124~129
❹ 可以用來鼓勵孩子學習，演練或運用技能的獎勵有哪些？（查閱各章節） • 特定的讚美 • 在工作（或部分工作）完成時，有所獎賞 • 獎賞和懲罰參考單 每日可用的獎賞：________ 每週可用的獎賞：________ 長期可用的獎賞：________	P134~136 P137~142 P140

第10章 20項生活常規的執行能力訓練計畫

我們接下來要談的二十項日常生活常規，是孩子最容易出問題的地方。我們粗略分類，先是家庭常規，接著是學校常規，最後是需要情緒控制力、變通力及反應抑制力的工作。假如父母發現幾項需要改善的問題，卻不知從何開始，你可以回頭參考第九章。如果你決定加強特定的執行能力，我們為每項生活常規必須具備的執行能力逐一標示出對應的章節。

20項生活常規執行力訓練計畫參見頁碼表

父母的引導，應視小孩的年齡與發展而定

父母應該在孩子幾歲時開始引導，有時會因為日常生活常規或學校課程所需的任務而有所不同。我們不會期望小一的孩子會念書準備考試、執行長期計畫或是安分地寫報告。本書提及的許多常規，主要是針對中間年齡層的兒童（小學中、低年級階段），因此以下我們提出一些建議，讓父母了解如何調整適合年紀較小和較大兒童的指導策略。

為幼小兒童建立生活常規的指導原則：

- 指令務求簡短。
- 簡化執行步驟。
- 利用圖片提醒，取代工作清單或文字說明。
- 要有提醒和監督孩子的準備，有時必須從旁協助孩子一步一步做。

為較大兒童建立生活常規的指導原則：

- 讓孩子全程參與生活常規的設計、選擇獎勵內容，以及擬訂可能需要用來改善生活常規的辦法。
- 父母必須願意以溝通代替命令。
- 如果可能，盡量用圖片提醒取代口頭提醒（因為對較大的小孩來說，口頭提醒很像嘮叨）。

常規 1

起床後、上學前的準備工作

（空白檢核表請參見《執行力訓練手札》第351、352頁）

- 執行能力：任務啟動力（第十五章）、持續專注力（第十四章）、工作記憶（第十一章）。
- 適用年齡：七到十歲。若要調整給更小和更大孩子執行，只要改變任務的複雜度即可。

訓練流程與步驟

1. 趁孩子出門上學前，一起列出待完成的工作清單（如果孩子較小，只要把他喚醒就可以了）。
2. 和孩子一起決定工作的順序。
3. 把工作清單編列成檢核表的格式。
4. 多準備幾份，把它們貼在剪貼簿。
5. 孩子一起床，和他溝通流程如何進行。先說明你會提醒孩子做清單上的每項工作，完成時，一項一項打勾。
6. 利用角色扮演熟悉整個流程，讓孩子了解如何進行。
7. 判斷整個流程應該幾點完成以準時上學（或上學前，留一些時間給孩子玩或自由活動）。
8. 啟動整個機制。提醒孩子著手展開第一步、看著他做、確認檢核表的進度、完成一個步驟後給予讚美、然後再做下一步。從旁監督，直到整個例行工作完成為止。
9. 一旦孩子能夠吸收整個流程，並在時間內獨立完成工作，就可以把檢核表收起來了。

逐漸減少監督的程度

❶ 提醒孩子開始進行例行工作，並從旁監督，時常給予讚美和鼓勵，提供建設性意見。
❷ 提醒孩子開始，確定他著手進行每個步驟，然後離開一下，等到下階段再回來。
❸ 提醒孩子開始，定期查看他的狀況（起初每隔兩個步驟看一下，接著每隔三個步驟看一次）。
❹ 提醒孩子開始，最後要他向你報告進度。

修改／調整工作清單

❶ 如果有需要，加強誘因，讓他能夠準時，或是在最少次數的提醒下完成工作。只要孩子在最少的提醒次數之內完成一個步驟，就給一個點數（關於點數規則，你和孩子應該先取得共識，約定好最多可以提示幾次）。
❷ 在每個步驟要開始的時候，把計時器設定好，或是讓孩子自行設定時間；並挑戰孩子在時間到並發出鈴聲之前，完成該做的工作。
❸ 視孩子的情況，調整時間或進度表。例如，早一點叫孩子起床，或是看一下檢核表內有沒有可省略的，或前一晚可以事先完成的工作。
❹ 把檢核表的形式換掉，改成在不同的卡片上一一寫下工作項目，讓孩子每次完成一個步驟就交出一張卡片，同時跟你換下個步驟卡片。
❺ 若孩子年紀較小，以圖片代替文字，清單盡量簡短，且要有不斷提醒孩子的心理準備。
❻ 你也可以套用同樣的方法，協助孩子確定該帶去學校的東西都準備齊全了。

起床後的例行工作檢核表（範例）

★《執行力訓練手札》p351收錄空白表格★

任務	提醒的次數（可用正字或畫斜線註記）	完成（✓）	獎勵點數（可視情況增加此欄）
起床			
穿衣服			
吃早餐			
把碗盤收到洗碗槽			
刷牙			
梳頭髮			
把書包準備好去上學			

準備上學的檢核表（範例）

★《執行力訓練手札》p352收錄空白表格★

任務	完成（✓）	獎勵點數（可視情況增加此欄）
寫完全部的回家作業		
把所有回家作業放在它們應該在的位置（歸檔到文件夾或筆記本）		
要帶去學校的東西	**放進書包了嗎？（✓）**	**獎勵點數（可視情況增加此欄）**
作業		
筆記本／文件夾		
課本		
閱讀書籍		
家長同意書		
午餐餐費		
休閒服／體育服／裝備		
連絡簿		
作業本		

常規 2

整理房間（空白檢核表請參見《執行力訓練手札》第351頁）

- 執行能力：任務啟動力（第十五章）、持續專注力（第十四章）、工作記憶（第十二章）、組織力（第十七章）。
- 適用年齡：七到十歲，若要調整為給更小和更大的孩子執行，只需改變任務的複雜度。

訓練流程與步驟

❶ 和孩子一起列出整理房間的步驟，例如以下這些工作：

- 把髒衣服丟到洗衣籃
- 把乾淨衣服收到衣櫃裡
- 把玩具收到玩具箱／玩具桶
- 把書收到書架放好
- 整理桌面
- 倒垃圾
- 把東西歸位

❷ 把工作清單編列成檢核表的格式。

❸ 判斷什麼時候可以完成這件家事。

❹ 判斷孩子在開始工作之前和工作期間，需要什麼樣的提醒。

5 判斷孩子一開始需要什麼程度的幫忙。
6 決定如何判斷工作的品質。
7 按照你和孩子約定好的提醒和協助頻率，一步步完成例行工作。

逐漸減少監督的程度

1 提醒孩子開始工作並從旁監督，時常給予讚美和鼓勵，並提供具有建設性的意見。
2 提醒孩子開始，確定他著手進行每個步驟，然後離開一下，等到下個階段再回來。
3 提醒孩子開始，定期查看他的整理狀況（起初每隔兩個步驟看一下，接著每隔三個步驟看一次即可）。
4 提醒孩子開始，最後要他向你報告進度。

修改／調整工作清單

1 如果有需要，加強孩子達成目標之誘因。例如，一旦完成家事，就給孩子去做某件很想做的事情，或是孩子每完成一個步驟就給點數，讓他從獎勵清單中挑選想要兌換的獎品。每完成一項任務且提醒次數少於一、兩次，就獎勵你的孩子，也是另一種設計獎勵機制的方法。
2 假如你一直陪在孩子身邊，不斷給提示和讚美，但他仍然無法把這件工作完成，就改變方式——跟在孩子身邊，和他一起完成每項工作。

❸如果這樣標準還是太高，你可以試試「後向連鎖法」，由你來打掃整個房間，只保留一小塊區域，讓孩子在你的監督和讚美下進行整理工作。慢慢增加孩子打掃的面積，直到孩子能夠完成整個房間的清潔工作為止。

❹改變環境——讓房間變得比較容易整理。多利用孩子可以把玩具「丟」進去的收納箱，並且幫每個箱子貼上標籤分類。

❺為「乾淨的房間」拍張照片，當孩子完成任務的時候，你可以把照片和實際成果拿來對比，要他為自己的表現打分數。

❻如果是年紀比較小的兒童，每項工作都可以用圖片取代文字，盡量減少步驟，並且要假定孩子需要協助，不要期望他會獨自完成工作。

常規 3

收拾個人物品（空白檢核表請參見《執行力訓練手札》第352頁）

- 執行能力：組織能力（第十七章）、任務啟動力（第十五章）、持續專注力（第十四章）、工作記憶力（第十二章）。
- 適用年齡：七到十歲，若要調整給更小和更大孩子執行，只要改變個人用品清單即可。

訓練流程與步驟

❶和孩子一起列出平常凌亂的物品清單。

整理房間檢核表（範例）

★《執行力訓練手札》p351收錄空白表格★

任務	提醒的次數 (可用正字或畫斜線註記)	完成 （✓）
把髒衣服放到洗衣籃		
把乾淨的衣服收到衣櫥／衣櫃		
把玩具收起來（收到玩具架或玩具箱）		
把書收到書架放好		
整理桌面		
倒垃圾		
把東西歸位（例如功課、杯子、毛巾、運動用品等）		

收拾個人用品的檢核表（範例）

★《執行力訓練手札》p352收錄空白表格★

個人用品	應該收到什麼地方？	什麼時候該收？	提醒次數	完成（✓）
運動用品				
外出用品（外套、手套等）				
其他衣服				
鞋子				
回家作業				
背包				

❷為每項物品找到適當的收納位置。
❸判斷什麼時候應該把那項用品收好（例如，我放學一回家就收、上床睡覺前收等等）。
❹決定提醒的「規則」。在孩子受到處罰前，他可以獲得多少次提醒。
❺決定檢核表應該放在什麼地方。

逐漸減少監督的程度

❶提醒孩子要努力學習把東西歸回原位。
❷把檢核表放在醒目的地方，並提醒孩子每次把東西收好時要記得填寫。
❸每次孩子乖乖把東西收好，就讚美或感謝他。
❹等孩子按照這套機制執行幾個星期，同時你也給他很多讚美和提醒之後，可以慢慢減少提醒次數。把檢核表放在醒目的地方，不過，接下來孩子如果忘了收，你可能要給他一些懲罰。

修改／調整工作清單

❶如果有需要，增加鼓勵孩子的誘因。
❷假如要孩子記得東西用完馬上收好，或是在一天的不同時段收東西太困難的話，可以每天給孩子安排一個固定的收拾時間，把所有需要歸回原位的個人用品，都收到適當的位置或抽屜。

❸ 若孩子年紀較小，多利用圖片提醒、工作清單盡量簡短，記得他需要較長時間、提示或協助。

常規4

完成家事

（空白檢核表請參見《執行力訓練手札》第353頁）

- 執行能力：任務啟動力（第十五章）、持續專注力（第十四章）、工作記憶力（第十二章）。
- 適用年齡：任何年紀都適用，即使是學齡前的幼童，也可以分派簡單的家事給他。

訓練流程與步驟

❶ 和孩子坐下來，一起列出必須完成的家事清單。
❷ 判斷完成每件家事需要的時間。
❸ 判斷那件家事必須什麼時候（星期幾／幾點）完成。
❹ 製作一份進度表，讓你和孩子可以追蹤家事完成的進度。
❺ 決定進度表應該放在什麼地方。

逐漸減少監督的程度

❶ 提醒孩子開始做家事並從旁監督，時常給予讚美和鼓勵，並提供具有建設性的意見。

❷提醒孩子開始，確定他著手進行每個步驟，然後離開一下，等到下個階段再回來。
❸提醒孩子開始，定期查看狀況（起初每隔兩個步驟看一下，接著每隔三個步驟看一次）。
❹提醒孩子開始，最後要他向你報告進度。

修改／調整工作清單

❶如果有需要，加強孩子達成目標之誘因，讓他能夠準時或在最少次數的提醒下完成工作。或者只要孩子在最少的提醒次數內完成一個步驟，就給他加個點數。
❷在每個步驟開始時，把計時器設定好（或是讓孩子自行設定時間），挑戰孩子在時間到並發出鈴響之前，完成該完成的工作。
❸按照孩子的情況，調整時間或進度表。例如，早一點叫孩子起床，或是看一下檢核表中，有沒有什麼可以省略或前一晚就可以先完成的工作。
❹把檢核表的形式換掉，改成在不同的卡片上寫下要做的工作，讓孩子每次完成一個步驟就交出一張卡片，同時跟你換一張下個步驟卡片。
❺如果是年紀比較小的兒童，以圖片提醒代替文字，盡量簡化家事項目，不要給太多任務，並要假定孩子需要提示和協助來完成家事。

常規5

才藝練習進度

（空白檢核表請參見《執行力訓練手札》第355頁）

- **執行能力**：任務啟動力（第十五章）、持續專注力（第十四章）、優先順序規畫力（第十六章）。
- **適用年齡**：八到十四歲為主。如果是較年幼的孩子，雖然他們確實是在芭蕾、足球、體操之類的課程中學習技巧；但這類活動設計，趣味應重於技巧的習得。

訓練流程與步驟

❶ 理想的做法是當孩子決定要學某種需要每天或持續練習的才藝時，就該啟動這項流程。決定投入前，和孩子談談要精通這項才藝（或是要練到能夠樂在其中的水準），必須做些什麼。跟孩子討論必須練習的頻率、課程要持續多久、需要負擔什麼責任，以及是否有足夠的時間持之以恆。

❷ 製作每週進度表，記錄練習的時間。

❸ 和孩子討論他可能需要什麼樣的提醒，以確保孩子記得開始練習。

❹ 和孩子討論如何判斷練習是否有效。換句話說，孩子應該持續練習的成功標準是什麼？

❺ 先決定你要持續練習多久，再決定是否要繼續下去。很多父母強烈主張，當孩子決定要開始學樂器或某項運動時（尤其要花錢時，例如購買昂貴器材），他應該「簽到」練習足夠的時間，這樣的花費和投入才會值得。很多孩子在相對很短的時間內，便會對這種練習感到厭煩，因此在討論放棄之前，事先和孩子達成共識，說好你希望他最少持續練習多

久，是有其意義的。

逐漸減少監督的程度

❶ 提醒孩子在約定好的時間開始練習，等他練完的時候，在檢核表打個勾。把檢核表放在醒目的地方，這樣檢核表本身就可以當做一種提醒。

❷ 利用文字提醒和檢核表。如果孩子沒有在原本說好的五分鐘內開始練習，給他口頭提醒；如果孩子確實有準時開始，給予正面的鼓勵以強化他的行為。

修改／調整工作清單

❶ 你和孩子可能要挑一個好記的開始練習時間，例如，吃完晚餐或每天看完最喜歡的電視節目之後。如此一來，前一個活動，實際上就變成提醒下一個活動開始的提示。

❷ 如果沒經過提醒，孩子便很難記得開始練習，可以要求他設定計時器或鬧鐘來當作提醒。

❸ 假如孩子抗拒練習的反應強度，和原先說好要練習的反應一樣大，不妨試試看修改進度表，不要輕言放棄。縮短練習的課程時間；安排少一點天數；把原本的一堂課拆成兩個時段，中間穿插一個短暫的休息時間；或當練習結束時，滿足孩子的某項期待（例如，把練習時間安排在孩子喜愛的活動之前）。

❹ 假如你發覺自己一直在考慮加強孩子達成目標之誘因，好讓練習變得更吸引孩子，可能就是重新檢討整個練習的時機。如果孩子對於練習和必須學習才藝的反應，同樣顯得躊

躇不決，可能就是他並不是很想學習的跡象。很多時候是父母希望孩子學些什麼（尤其是樂器）。假如是這種情況，就直截了當跟孩子說，然後加強達成目標的誘因，說服孩子努力學習。

常規6 準時就寢（空白檢核表請參見《執行力訓練手札》第351頁）

- 執行能力：任務啟動力（第十五章）、持續專注力（第十四章）、工作記憶力（第十二章）。
- 適用年齡：七到十歲，若要調整給更小和更大孩子執行，只要改變任務的複雜度即可。

訓練流程與步驟

1. 和孩子討論應該幾點上床睡覺。列出就寢前必須完成的所有工作清單，包括收拾玩具、準備隔天要穿的衣服、確定書包已經整理好了、把睡衣穿好、刷牙、洗臉或洗澡。
2. 把這份工作清單編輯成檢核表的格式，或以圖畫方式表示進度。
3. 和孩子討論要花多少時間，完成工作清單上的每項任務。如果你認為有必要，你可以使用碼表記錄每項工作幾點開始和結束，這樣就能明確知道每一項任務需要花多少時間。
4. 把完成所有任務需要的時間加總起來，再從上床時間往前推，如此便知道孩子應該幾點開始進行就寢前的例行工作。
5. 提醒孩子在約定好的時間開始進行例行工作。

❻ 監督孩子進行每項任務，鼓勵他去確認一下檢核表，了解接下來要做什麼。同時只要孩子完成一項工作，就給予讚美。

逐漸減少監督的程度

❶ 提醒孩子開始進行例行工作並從旁監督，時常給予讚美和鼓勵，並提供建設性的意見。
❷ 提醒孩子開始，確定他著手進行每個步驟，然後離開一下，等到下個階段再回來。
❸ 提醒孩子開始，定期查看他的狀況。
❹ 提醒孩子開始，最後要他向你報告進度。

修改／調整工作清單

❶ 建立獎懲制度。比方說，如果孩子能夠在約定的上床時間，準時或提早完成例行工作，他就可以在熄燈前贏得額外的時間。如果孩子不能在上床之前完成例行工作，那麼隔天晚上他就必須提早十五分鐘開始做例行工作。
❷ 設定計時器或給孩子一個碼表，協助他記錄每項任務要花多少時間。
❸ 換掉檢核表的形式，改成在不同的卡片寫下要做的工作，讓孩子每次完成一個步驟就交出一張卡片，同時跟你換一張下個步驟的卡片。
❹ 如果是年紀較小的孩子，以圖片提醒代替文字，並要假定孩子需要你的提示和監督。

就寢時間例行工作的檢核表（範例）

★《執行力訓練手札》p351收錄空白表格★

任務	提醒的次數（可用正字或畫斜線註記）	完成（✓）
收拾玩具		
確定書包已經整理好了		
擬訂隔天務必要做的工作清單		
準備隔天要穿的衣服		
把睡衣穿好		
洗臉或洗澡		
刷牙		

整理書桌檢核表（範例）

★《執行力訓練手札》p353收錄空白表格★

任務	週日	週一	週二	週三	週四	週五	週六
收拾桌面							
整理文件夾							
書桌的整齊程度和照片相當							

常規 7

整理書桌（空白檢核表請參見《執行力訓練手札》第353頁）

●執行能力：任務啟動力（第十五章）、持續專注力（第十四章）、組織力（第十七章）、優先順序規畫力（第十六章）。
●適用年齡：七到十歲。但大部分七歲孩童不會在書桌前待很久，因此這項任務可能比較適合大一點的孩子。若要把這項任務給其他年齡層的孩子，只要提高任務的複雜度即可。

清理桌面的流程與步驟

❶把書桌收拾乾淨。
❷決定什麼東西要收在哪一個抽屜，並且在抽屜貼上識別標籤。
❸把東西分門別類，歸在正確的抽屜。
❹在書桌旁邊擺一個可以放置回收紙類的垃圾桶。
❺決定什麼東西應該擺在桌面上。你可以考慮在書桌旁，放置一個張貼備忘錄的布告欄。
❻把東西放在孩子希望擺放的位置。
❼幫書桌整理完的樣子拍張照片，然後把照片貼在書桌旁或布告欄。

維護桌面整齊的三個步驟

❶在書桌上開始寫作業或工作之前，先確定書桌看起來和照片範本一樣乾淨。如果沒有達到標準，把桌面收拾一下，讓書桌看起來和照片趨於一致。

❷做完功課之後，把所有東西收拾乾淨，讓書桌看起來和照片一樣整齊。這個步驟也可以納入就寢時間的例行工作。

❸一星期中找一天，仔細檢查文件架，決定哪些文件需要留在架上、哪些可以歸檔、哪些應該丟掉或回收。

逐漸減少監督的程度

❶在維護桌面整齊流程的每個步驟中，提醒並從旁監督孩子，時常給予讚美和鼓勵，並提供具有建設性的意見。

❷提醒孩子開始維護桌面，確定他著手進行整理桌面的步驟一，最後再回來確認他把工作完成；步驟二的做法也是一樣；到了步驟三，陪著孩子一起幫忙把文件架收拾整齊。

❸提醒孩子完成維護桌面整齊的三步驟，不過記得要離開一下，最後再回來驗收成果。

❹提醒孩子開始進行維護桌面整齊的流程，稍後（例如，上床睡覺前）回來檢查，確認書桌是否有收拾乾淨，同時要給孩子讚美和具有建設性的意見。

修改／調整工作清單

❶ 當孩子開始進行維護桌面的流程時，繼續協助他把工作做得更好。例如，你或許有更好的方式整理桌面或抽屜。這些可以改變的地方，應該納入維護桌面整齊的流程。

❷ 去逛逛文具店，看看有沒有什麼東西，可以幫忙孩子建立和維持習慣。

❸ 和其他流程一樣，如果有需要，加強孩子執行例行工作之誘因。

常規 8

回家作業（空白計畫表請參見《執行力訓練手札》第360頁）

- **執行能力**：任務啟動力（第十五章）、持續專注力（第十四章）、優先順序規畫力（第十六章）、時間管理力（第十八章）、後設認知力（第二十一章）。
- **適用年齡**：七到十四歲。

訓練流程與步驟

❶ 向孩子解釋製作回家作業計畫表，是學習如何安排計畫和進度的好方法。跟孩子說明放學回家後，他要利用你所提供的表格擬妥回家作業計畫。

❷ 孩子應該採取的步驟：

- 在表格填上所有的功課（簡單填寫即可）。

- 確認做功課需要的所有材料都備齊了。
- 判斷他是否需要任何協助以完成功課，以及誰可以幫忙。
- 評估每項功課要花多少時間。
- 在表格上逐一填寫應該開始做功課的時間。
- 把計畫表拿給你看，若有需要，你可以協助孩子做些調整（例如，對於時間的預估）。

3. 根據計畫表所列出的時間，提醒孩子開始做功課。
4. 監督孩子的表現。根據孩子的狀況，你可以選擇從頭到尾陪伴，或是定期查看狀況。

逐漸減少監督的程度

1. 提醒孩子擬計畫表並開始工作，時常給予讚美和鼓勵，提供具有建設性的意見。如果有必要，坐在孩子旁邊陪他一起做功課。
2. 提醒孩子擬計畫表並按照進度開始寫功課，時常查看孩子的狀況，並給予讚美和鼓勵。
3. 提醒孩子擬計畫表並按照進度開始寫功課，要求孩子寫完功課的時候向你報告。

修改／調整工作清單

1. 如果孩子拒絕擬計畫，就由你來擬，不過你可以要求孩子告訴你要擬什麼內容。
2. 如果孩子忘記寫下老師交代的作業，你可以修改表格，把每個可能的教學主題列出來，然後和孩子一一討論，以喚醒他對回家作業的記憶。
3. 如果是長期的作業，那就另外製作一份行事曆，讓孩子可以追蹤需要進行的工作。

❹建立獎勵制度，只要孩子準時開始／完成，或不需提醒便記得寫作業，就給予鼓勵。

❺如果是年紀比較小的孩子，只要讓他們養成固定時間和地點做功課就夠了，因為他們每個晚上可能只有一、兩項作業。要求他們估計要花多少時間完成每項作業，能幫助孩子訓練時間管理的技巧。

常規 9

收納筆記／作業

（空白計畫表請參見《執行力訓練手札》第354頁）

- 執行能力：組織力（第十七章）、任務啟動力（第十五章）。
- 適用年齡：六到十四歲。

訓練流程與步驟

❶跟孩子一起決定需要收拾和整理什麼：尚未完成的回家作業要收在哪裡？要不要另外安排一個位置，把寫完的回家作業收起來？我們在第176頁的檢核表中附有一份範例。

❷一旦把所有要收的東西都列出之後，決定如何規畫最好的收納方式，一次一樣物件。比方說，父母和孩子可能決定要採用彩色的文件夾，利用不同的顏色來分類完成的作業、未完成的工作和其他文件。或許父母可以去逛逛文具店以激發一些想法。

❸收集需要用到的文具。如果手邊有，就從家裡找；如果沒有，就去文具店找。

❹整理筆記本和文件夾，一一貼上清楚的標籤。

5. 每次要開始寫回家作業的時候，要孩子拿出「已完成的作業」、「未完成的工作」和「待歸檔的文件」這些文件夾。要孩子逐一判斷每份文件的屬性，並決定應該收在哪個文件夾。在開始寫作業之前完成這個步驟。
6. 當孩子完成回家作業，要求孩子把作業放在適當的文件夾，並把需要保存的東西歸檔。

逐漸減少監督的程度

1. 提醒孩子按照整理筆記／作業的流程開始寫作業。監督整個流程的每一個步驟，確定孩子按部就班去做，並且填寫記錄表。
2. 提醒孩子按照流程開始寫作業，並提醒他在完成每個步驟時要填寫檢核表。定期查看孩子的狀況，最後等孩子寫完功課時，再回來確認檢核表都已經填好，而且文具也都收拾妥當。
3. 孩子要開始寫作業之前提醒，寫完作業後檢查，並不定時抽樣檢查孩子的筆記本、文件夾和其他檔案。

修改／調整工作清單

1. 盡可能讓孩子參與整理筆記／作業流程的設計。
2. 重新設計執行不順的部分。
3. 對天生組織能力不強的人，要把這種整理筆記／作業的流程養成習慣，可能要花很長的時間。記住，父母可能要長期抗戰來監督孩子的表現。

收納「筆記／功課」項目檢核表

★《執行力訓練手札》p354收錄空白表格★

管理系統要點	你會用到什麼文具？	已經完成了（✓）
尚未完成的回家作業要收在哪裡？		
完成的作業要收在哪裡？		
保存稍後要歸檔的資料要收在哪裡？		
每個課程的筆記本或檔案夾		
其他可能需要的東西： 1. 2.		

收納「筆記／功課」進度檢核表

任務	週一	週二	週三	週四	週末
整理「待歸檔」文件夾					
檢查筆記本和書本是否有其他散頁文件，同時把它們歸檔。					
寫功課					
把所有作業（包括完成和未完成的）歸檔到適當的位置					

讀書策略選單

把你想採用的策略打勾

___ 1. 重讀課本	___ 2. 重讀／整理筆記	___ 3. 閱讀／背誦重點
___ 4. 整理重點大綱	___ 5. 畫課本重點	___ 6. 畫筆記重點
___ 7. 使用學習指南	___ 8. 製作概念圖	___ 9. 製作／整理重點清單
___ 10. 做考古題	___ 11. 自我測驗	___ 12. 請別人考你
___ 13. 練習閃字卡	___ 14. 記憶／背誦	___ 15. 製作「小抄」
___ 16. 和朋友一起讀書	___ 17. 組讀書會	___ 18. 請老師個別指導
___ 19. 和父母一起讀書	___ 20. 尋求協助	___ 21. 其他___________

常規10

準備考試

（空白計畫表請參見《執行力訓練手札》第361頁）

- 執行能力：任務啟動力（第十五章）、持續專注力（第十四章）、優先順序規畫力（第十六章）、時間管理力（第十八章）、後設認知力（第二十一章）。
- 適用年齡：十到十四歲。

訓練流程與步驟

1. 和孩子一起準備一份行事曆，把所有即將舉行的考試記錄下來。
2. 考試前的五到七天，和孩子一起擬訂學習計畫。
3. 利用右頁的「讀書策略選單」，讓孩子決定他想應用哪個策略準備考試。
4. 考試前四天，要求孩子擬訂衝刺計畫。根據多年來的**心理學研究顯示**，當我們學習新教材時，**分散式練習**（distributed practice）**比密集式練習**（massed practice）**更有效率**。換句話說，如果你計畫花兩個小時準備考試，把複習時間拆成小單位（例如，每天晚上讀三十分鐘，連續讀四個晚上），這樣會比起考試前一天，花整整兩個小時猛讀書的效果來得好。此外，研究結果也顯示，學習會經由睡眠而統整吸收，因此考試前一晚睡個好覺，比「臨時抱佛腳」好處更多。
5. 對於持續專注力不足的孩童，搭配多個讀書策略，且每種策略只用一小段時間，可能比整個考前總複習期間都使用相同策略要容易上手得多。你可以利用計時器，幫每個策略設定時間長度，當鈴聲響起時，就換下一個策略（除非孩子喜歡他正在用的策略，而且想繼續使用）。

逐漸減少監督的程度

因孩子的自主程度而異，有的孩子可能需要父母協助擬訂學習計畫；有的需要提醒他按照計畫去執行；有的則是在按表操課時，需要父母在一旁監督。父母可以逐漸減少這種支援的程度。第一步先要求孩子用過一種策略之後，來向你報告，但仍要保留其他適當的支援。提醒孩子擬訂讀書計畫以及催他們趕快去念書，可能是最後才能考慮停止的支援項目。

修改／調整工作清單

❶ 等孩子考完試或成績單發回來之後，要孩子評估讀書計畫的成效。哪個策略最有效？哪個比較沒有幫助？有沒有下次可以嘗試的策略？準備考試的時間分配得如何？時間夠用嗎？在讀書計畫表上做一些註記，等孩子要為下次考試擬計畫時，幫助他做得更好。

❷ 如果孩子認為自己有充分複習，但是考試成績仍不盡理想，請教老師的意見，看是不是有其他不同的做法。孩子是否念錯了教材？或是用錯了學習方法？

❸ 假如孩子已經連日苦讀，但考試成績仍然不見起色，父母可以考慮請老師調整一下測驗模式（例如：延長考試時間、給孩子重考的機會、用額外的加分作業來彌補考試成績、提供考試以外的評量選項，或者讓孩子採取可翻書的考試）。或者孩子可能需要接受評估，判斷他是否符合特殊教育。

❹ 增加一個提供誘因的機制，孩子若獲得好成績就給予獎勵。

常規 11 長期計畫

（空白計畫表請參見《執行力訓練手札》第362、363頁）

- **執行能力：**任務啟動力（第十五章）、持續專注力（第十四章）、優先順序規畫力（第十六章）、時間管理力（第十八章）、後設認知力（第二十一章）。
- **適用年齡：**八到十四歲。亦可安排給七歲孩子，但步驟較簡單，父母的指導也應簡化。

訓練流程與步驟

❶ **陪孩子一起閱讀回家作業的說明，確定父母和孩子都了解老師期望的目標。**若這項作業允許孩子自行決定主題，那第一步就是選定主題。很多孩子在設定主題時有困難，如果孩子有這種情況，應該幫助他進行構想的腦力激盪、提出許多建議，並從孩子感興趣的主題切入。

❷ **利用專案計畫表，把可能採用的主題寫下來。**累積三到五個主題之後，詢問孩子，他對每個選項有什麼喜歡和不喜歡的地方。

❸ **協助孩子做最後決定。**除了思考孩子對什麼主題最感興趣之外，最後還要考慮其他要素：(a)選擇的主題範圍不宜太過廣泛或狹隘；(b)確認查詢參考書和參考資料的困難程度；(c)選定的主題是否有饒富趣味的「懸疑」，不僅孩子做起來要樂趣十足，也要能引

起老師的興趣。

❹利用專案計畫表，判斷需要什麼資料或資源，孩子可以在何處以及何時找到這些資料。可能的資料來源包括：網站、圖書館、可能需要訂購的書（例如旅遊手冊）、可能要訪問的人物，或是要參觀的地方（例如博物館、歷史古蹟等）。此外，如果著手的計畫和蓋東西有關，也要考慮需要用到的任何建造或藝術材料。

❺利用專案計畫表，列出執行計畫必須完成的所有步驟，接著製作一份進度表，讓孩子知道每個步驟要在什麼時候完成。在這個階段，父母可以把這些資訊謄到可掛在牆上的月曆，或是孩子書桌旁邊的布告板，這對孩子追蹤什麼時候該完成什麼事情會很有幫助。

❻提醒孩子按照進度執行工作。在孩子開始每個步驟之前，父母可能要和他討論，完成該步驟究竟要做哪些事；這表示父母可能要為每個步驟列一份待辦工作清單。當每個步驟完成時，就可以進行計畫下一步，讓孩子對接下來的工作有些概念，幫助他更容易開始下一步。

逐漸減少監督的程度

在執行開放式任務時，「優先順序規畫」和「後設認知」能力有困難的孩子，通常需要長期的大量支援。父母可以把專案計畫表當作指導方針，把完成專案計畫的責任，逐漸轉移到孩子身上。當感覺孩子已經具備獨立執行更多工作的能力時，父母可以要孩子指出計畫表的哪些部分是他認為可以自己來的，哪些部分是需要幫忙的。在孩子能獨立執行這個流程之前，父母可能有很長一段時間，必須持續提醒孩子完成進度表的每個步驟。

修改／調整工作清單

為了達成進度目標並在截止期限之前完成專案，父母可以加強孩子完成目標之誘因。當孩子不需提醒（或是只用了最少的提醒次數）就完成工作，可以給他額外的點數做為獎勵。

常規 12

撰寫報告

（空白報告範本請參見《執行力訓練手札》第364頁）

- 執行能力：任務啟動力（第十五章）、持續專注力（第十四章）、優先順序規畫力（第十六章）、組織力（第十七章）、時間管理力（第十八章）、後設認知力（第二十一章）。
- 適用年齡：八到十四歲。

Step 1 主題的腦力激盪

如果孩子必須自行構思報告的主題，父母應該在孩子開始寫作之前，確認確實了解回家作業的要求，若有必要，可打電話給老師或孩子的朋友來釐清方向。腦力激盪的原則是任何想法都可以，第一步是趕緊把它寫下來，愈是天馬行空、愈瘋狂的想法愈好，因為天馬行空和瘋狂的點子，通常可以激發出能派上用場的好點子。在這個階段，不論是家長或孩子都不要任意批評。假如孩子沒有辦法自行構思主題，你可以拋出你所想到的一些點子，助孩子「一臂之力」。一旦你和孩子已經腸枯思竭了，就再把清單看一遍，把最能發揮的題材圈起來。

Step 2 內容的腦力激盪

一旦選定主題，就要再次展開腦力激盪的過程。父母可以要求孩子：「說說看你對這個主題有什麼了解，或者是你想要了解什麼？」

Step 3 決定報告架構

現在，瀏覽寫下來的所有構想或問題。和孩子一起決定這些題材是否可以用什麼方法加以組織。設定標題之後，分別在每個標題下方寫下詳細內容。有些父母認為在這個過程使用便利貼很有用。進行腦力激盪的時候，可以在一張便利貼寫下一個想法或問題，然後把這些便利貼，按照標題分類來擬報告大綱，接著孩子就可以根據這份大綱開始撰寫或口述報告。

Step 4 撰寫前言

前言通常是整篇報告最難下筆的部分。前言最基本的功能，在於簡要描述整篇報告的主旨。前言還有另外一個重要的目的，那就是「吸引讀者的目光」，激起他們的好奇心。

對寫作有問題的孩子，要他們自己撰寫前言是有困難的，所以可能需要父母的幫忙。藉由詢問一般性的問題，例如：「你希望人家讀完你的報告之後，了解什麼事情？」或是「為什麼你認為別人可能會有興趣讀你的報告？」假如孩子需要的協助不僅止於此，父母可能要給他們一個參考範本。父母可以找一個和主題相類似的題目來寫一段前言，如果孩子需要更多的引導，就給予必要的協助，然後觀察他接下來是否可以不需要相同程度的支援，就能繼續往下寫。

Step 5 撰寫本文

如果父母想給孩子再多一點引導，可以建議他把報告的本文分成數個段落，給每個段落下一個標題。協助孩子把標題列成綱要，然後看他是否可以靠自己繼續把作業完成。每一段應該用一個能傳達重點的主要句子或主題句做為起頭，接著用三到五個句子去引申或解釋要表達的重點。利用連接詞把句子或段落串連起來很有用，例如：和、因為、此外、相反地、但是、所以等連接詞；也有比較複雜的連接詞，例如：儘管、再者、另一方面、因此、結果、最後、總之等等。

在學習撰寫報告的初期，對寫作有困難的孩子需要許多支援。一開始父母可能會覺得有一半的報告是你寫的，不過這種情形會隨著時間而有所改善，尤其是如果每次孩子結束寫作時，你都會給予一些正面的回應，鼓勵他某個部分做得很好，孩子的進步就會更快。要特別留意的是，和上一次寫作成果相比，這次有沒有什麼進步的地方。父母可以說：「這次你不用我幫忙，就有辦法自己想到標題，我真的很喜歡這個樣子。」

假如過了一段時間，仍然沒有進展，或是父母沒時間或技巧來指導孩子進行這種作業，你可以找導師談一談，看學校是否能提供額外的支援。即便父母願意按照建議的方式給孩子協助，只要你認為孩子的寫作技巧遠遠落後其他同年齡的小孩，你可能還是要尋求校方更多的支援才行。

常規13 完成開放式的任務

- 執行能力：情緒控制力（第十三章）、變通力（第十九章）、後設認知力（第二十一章）。
- 適用年齡：七到十四歲。

訓練流程與步驟

對很多小孩來說，最困難的回家功課莫過於開放式任務的作業。所謂的「開放式任務」，指的是：一、可能有很多種答案；二、可以用各種方式獲得答案或想要的結果；三、當孩子做完的時候，必須自己判斷任務是否已經完成，任務本身不會提供明確的線索；四、任務沒有確切的起始點，孩子必須自行判斷先做什麼。

有兩個方法可以幫助孩子執行開放式任務：一、把任務改成比較具有封閉式的特質；二、指導孩子如何處理這類型的任務。當孩子寫開放式作業時，容易遇到問題，因此和學校老師配合，讓老師了解這項作業對孩子的困難程度，以及為什麼需要做些調整？這是非常重要的。

把開放式任務改成更具封閉式特質的方法

- 在孩子做作業的過程中與孩子對話。父母可以協助孩子起頭，或者向孩子一一說明任務的步驟，並陪著他執行每個步驟。
- 不要要求孩子自己想辦法。父母可以給他幾個選項，或縮小選擇的範圍。或許你可以跟學校老師商量過後再做，讓老師了解你調整任務的方法和原因。一段時間之後，父母可以慢慢減少干預的程度，如逐漸增加選擇項目，或是鼓勵孩子在提供的選項之外，再想其他的方案。

- 給孩子準備「小抄」或步驟表（例如，解類似長除法這種數學題型的步驟）。
- 改變任務型態，移除解決問題的需要。比方說，不要再要求孩子造句，改成要他抄寫生字十遍來練習拼字；或是以克漏字填空來學單字。再次提醒，你可能要先徵求級任老師的了解和同意，才能進行這些調整。
- 提供寫作作業的範本給孩子參考，範本本身可以讓孩子熟悉作業的做法。
- 在寫作前的構思階段，提供孩子充足的協助，尤其是為了寫作業進行腦力激盪及組織的時候，孩子特別需要協助。
- 請級任老師詳細說明對作業要求的評分標準。

協助孩子更熟悉開放式任務的最簡單做法，就是利用「有聲思考法」（think-aloud procedure）來幫助他了解任務。換句話說，也就是把需要用來破解任務的想法和策略加以模式化。通常，一開始父母要給予孩子密切的指導和充分的支援，然後慢慢減少協助，逐漸把更多的規畫工作轉移到孩子身上。在適應方面有嚴重問題的孩子，要他們成功地完成開放式任務，經常要花很多年的時間，因此，父母和級任老師可能需要長期為孩子調整任務內容並給予支援。

常規 14

學習執行艱難的任務

- 執行能力：任務啟動力（第十五章）、持續專注力（第十四章）。
- 適用年齡：任何年紀都適用。

費心費力的工作要讓孩子看起來沒那麼令人討厭，主要有兩個做法：一、縮短或簡化任務流程，減少需要耗費的心力；二、提供夠大的誘因，吸引孩子願意加把勁去爭取獎勵。以下提出幾個如何執行的例子：

訓練流程與步驟

❶ 把整個任務拆成一個個小步驟，每個步驟所花的時間不要超過五分鐘。

❷ 允許孩子自行決定如何劃分任務。例如，你可以把回家作業或家事列成一份任務清單，讓孩子決定每項任務要進行到什麼程度才能去休息。

❸ 讓孩子期待完成任務後，就可以去做某件對他具有強大吸引力的事。比方說，只要孩子不發牢騷、在特定的時間範圍內，並且按照約定的表現（例如，答錯數學的作業不超過一題），完成每天晚上的回家功課（和／或家事），就可以玩四十五分鐘電動。

❹ 孩子若願意去做需要花心力的任務，就給他獎勵。例如，父母可以擬一份家事清單，要孩子根據需要花工夫的程度，給每個家事分級。孩子如果選擇做比較困難的家事，就給他更大的獎勵（例如，增加玩電動的時間）。用評分表的方式或許會很有幫助，1分代表最

簡單的任務，10分則是孩子心中能想到的最困難任務。一旦孩子對這種評量方式駕輕就熟之後，父母就可以開始思考如何把困難度高的工作，調整為比較簡單的工作。

修改／調整工作清單

假如以上這些方法都起不了作用，孩子還是無法在不抱怨或沒有任何反抗的情況下，完成艱難的任務，那麼父母可能要放慢步調，採取比較累人的方式，來訓練孩子容忍需要高度耗費心力的任務。基本上，孩子是從高難度任務的起點端開始，起初只要先完成最後一步就可以獲得獎勵。

父母就照這個方式，持續重複這個步驟，直到孩子能夠輕而易舉地執行這項工作為止。接著父母再往前一步，要求孩子只要完成任務中最後兩個步驟，就可以贏得獎勵。隨著時間的進展，父母可以讓孩子不斷往前多做幾個步驟，直到他能夠獨立完成整個任務。

常規15

學習控制脾氣（空白表格請參見《執行力訓練手札》第365頁）

- 執行能力：情緒控制力（第十三章）、反應抑制力（第十一章）、變通力（第十九章）。
- 適用年齡：任何年齡都適用。

訓練流程與步驟

1. 和孩子一起列出會導致他情緒失控的事情（trigger，認知行為學把它稱為「引發事件」）。把所有會讓孩子抓狂的事件列一份長長的清單，然後看是否可以把它們分類到比較大的項目底下。
2. 跟孩子聊聊「你情緒失控時的表情或聲音」（例如，大吼大叫、亂摔東西等）。決定哪些行為應該歸類到「嚴格禁止」的清單裡面。盡量讓清單保持簡短，一次只處理一到兩個行為就好。
3. 現在，反過來列出孩子可以出現的行為（replacement，認知行為學把它稱為「替代行為」）。你應該要列出三到四件孩子可以做的事情，以取代那些孩子不能做的事情。
4. 把這些內容放到「我不開心公布欄」。
5. 勤於練習。跟孩子說：「我們來假裝你心情不好，因為比利本來說好要來我們家玩，後來他臨時有事不來了，你想用什麼策略呢？」（請參考後面更詳細的練習方針）。
6. 練習幾個星期後，正式採用這套情緒控制流程，但是一開始只用在輕微的情緒波動。

「我不開心公布欄」

★《執行力訓練手札》p365收錄空白表格★

	引發事件：我生氣的原因： 1. 當我必須停止進行某件好玩的事情時 2. 當我必須做家事時 3. 當我的計畫沒有效果時
	嚴格禁止： 1. 打人 2. 摔東西
	當我心情不好時，我可以： 1. 畫圖 2. 讀書 3. 聽音樂 4. 逗狗

7 等到孩子可以用這套方法，成功控制輕微的情緒波動之後，繼續挑戰難度更高的事件。

8 把這套情緒控制流程和獎勵建立連結。要收到最好的成果，你可以採取兩階段的獎勵機制：若孩子的情緒沒有失控到動用「我不開心公布欄」的程度，就給他一個大的獎勵；若孩子能順利採取「我不開心公布欄」的策略，處理引發事件，就給他一個小的獎勵。

練習情緒控制的流程

1 利用實際的例子來練習，包括可以代表不同類型引發事件的狀況。

2 盡量讓練習時間「簡短而倉促」。比方說，假如孩子的因應策略是讀書，就要求孩子把書打開並開始閱讀，但是不要花超過二十到三十秒的時間。

3 要孩子練習列在「我不開心公布欄」的每項策略。

❹ 正式實施這套做法之前，每天進行簡短練習，或每星期練習幾次，連續幾個星期。

修改／調整工作清單

❶ 起初父母可能需要把情緒控制策略的應用加以模式化。這表示父母要利用大聲說話的方式，讓孩子知道，當他執行該策略時，可能會說什麼或想什麼。

❷ 有時候，雖然已經採取適當的情緒控制流程，但是孩子仍然失控，並且無法冷靜下來或利用「我不開心公布欄」上的任何一個策略。請把孩子帶離情境現場（如有必要，採取強制拖離的手段）。事先告訴孩子你會這麼做，讓孩子了解將會發生什麼事。

❸ 如果孩子一直沒辦法有效地採取情緒控制策略，父母可能要考慮尋求專業協助，請參考第二十二章。

常規16

學習控制衝動行為

（空白表格請參見《執行力訓練手札》第366頁）

- 執行能力：反應抑制力（第十一章）、情緒控制力（第十三章）。
- 適用年齡：任何年齡都適用。

訓練流程與步驟

❶ 和孩子一起找出引發衝動行為的引發事件，並填在《執行力訓練手札》第366頁表格裡。

❷ 取得孩子的共識，討論因應引發事件狀況的原則。因應的原則應專注於孩子可以做些什麼來控制衝動。換言之，父母和孩子應該想出幾個他可以做的事情，來替代不想要的衝動反應。

❸ 和孩子提到父母可能會採取什麼行動，提醒他已經接近「失控」的邊緣，讓他退讓一步，或是採取說好的策略來因應狀況。當父母發出的訊息是相當獨立的視覺信號（例如，某種手勢），同時能夠讓孩子警覺到問題時，最能收到控制的效果。

❹ 練習控制衝動行為的流程。把練習的過程變成「我們來假裝……」這樣的角色扮演遊戲。「我們來假裝你在外面跟朋友玩，其中一個人說了一句讓你很生氣的話。我假裝是你的朋友，你就扮演自己……」假如孩子覺得這樣很困難，就改成你扮演孩子，讓他有個參考模式。

❺ 跟其他牽涉到行為規範的技巧一樣，每天練習控制衝動行為的流程，或是每星期練習幾次，連續練習幾個星期。

❻ 當父母和孩子準備好「正式上場」，啟動這套控制衝動行為的流程時，在引起衝動的發動事件可能出現之前，提醒孩子注意。

❼ 事後檢討這套流程的效果，父母可以自創一個和孩子都可使用的評分表來評估成效。

修改／調整工作清單

❶ 假如父母認為獎勵能更有效或更快讓整個流程發揮效果，可以建立孩子成功利用替代行為和誘因的連結，假如孩子在某個特定時段都沒有衝動行為，你可以給他額外的獎勵點數，以茲鼓勵。

❷ 假如孩子有嚴重的衝動問題，先從選定一天當中的某個時段，或是某個衝動行為為開始，讓整個控制衝動行為的流程更可能成功。

❸ 當孩子展現自制行為時，務必要稱讚孩子。即使父母給孩子的是具體的獎勵，任何形式的誘因都應該伴隨著口頭讚美。

常規 17

學習處理焦慮（空白表格請參見《執行力訓練手札》第366頁）

- 執行能力：情緒控制力（第十三章）、變通力（第十九章）。
- 適用年齡：任何年齡都適用。

訓練流程與步驟

❶ 和孩子一起列出會令他焦慮的事。分析這些事件是否有一個模式，以及是否可以把不同的狀況分類到比較大的項目底下，例如：孩子因為參加足球比賽、在學校做口頭報告，

以及在鋼琴獨奏會演出而惶惶不安，可能就是患了表現焦慮（Performance Anxiety）；也就是說，當孩子必須在別人面前表演時，就會開始變得緊張兮兮。

❷ 跟孩子聊聊焦慮是什麼感覺，讓他很早就能認得它。我們通常可以藉由身體的感受來察覺焦慮，例如胃「抽筋」、手心冒汗、心跳加快等。

❸ 現在，反過來列出孩子可以做些什麼來取代滿腦子的擔心，讓孩子從三、四件不同的事情去做選擇，讓他鎮定下來，或從引起焦慮的事件上轉移注意力。

❹ 把這些內容放到「好煩公布欄」。

❺ 勤於練習。跟孩子說：「我們來假裝你心神不寧，因為你要去參加棒球選拔賽，你很擔心沒辦法入選球隊，你想用什麼策略呢？」

❻ 練習幾個禮拜之後，正式啟用這套應付焦慮的流程，但是一開始只能用在較小的煩惱或問題上。

❼ 等到孩子可以用這套方法成功處理自己的小煩惱之後，繼續挑戰更大的焦慮。

❽ 把這套焦慮處理流程和獎勵建立連結。要達到最好的效果，父母可以採取兩階段的獎勵機制：若孩子沒有焦慮到需要動用「好煩公布欄」的程度，就給他一個大的獎勵；若孩子能順利採取「好煩公布欄」的策略來處理引發事件時，就給他一個小的獎勵。

練習處理焦慮流程

❶ 利用實際的例子來練習，包括各種可以代表不同類型的「引發事件」。

❷ 盡量讓練習時間「簡短而倉促」。比方說，假如孩子的因應策略是練習「停止胡思亂

「好煩公布欄」（範例）

★《執行力訓練手札》p366收錄空白表格★

	我很煩惱，因為…… 1. 學校有考試 2. 我必須參加足球比賽 3. 我必須在眾人面前演講
	當我緊張的時候…… 1. 我的心跳快得不得了 2. 我的胃很不舒服 3. 我沒辦法好好思考
	當我覺得煩惱或緊張時，我可以…… 1. 把我的煩惱畫成一張圖，然後把圖撕掉 2. 採用放鬆技巧 3. 和我內心的憂慮對話 4. 聽音樂

想」，就要求孩子練習如下的自言自語策略：告訴他精神抖擻地（對自己）說「不要亂想」！如此一來，任何思緒都會暫時受到干擾。孩子一完成這個動作，要他想像一個愉快的畫面或場景。每天練習幾遍，當孩子遇到問題或出現引起焦慮的想法時，採取這個策略並且不斷重複，直到擾人心神的想法消失為止。

❸ 要孩子練習列在「好煩公布欄」的每項策略。

❹ 正式執行這套做法前，每天進行簡短的練習，或是每星期練習幾次，連續練習幾星期。

修改／調整工作清單

❶ 可以用來應付焦慮的策略，包含深呼吸或慢速呼吸，數到二十，然後採取其他的放鬆策略；想要停止胡思亂想或是和內心的憂慮對話，畫一張代表憂慮的圖，把畫作摺起來，

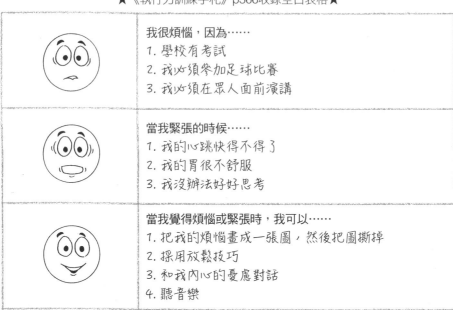

放進有蓋的箱子；聽聽音樂（或是跳跳舞）；想想這次焦慮的合理性。

❷ **協助孩子處理焦慮，通常會牽涉到一個被稱為敏感遞減法（Desensitization）的流程，盡可能降低孩子感受焦慮程度，直到他能夠順利度過難關為止。**舉例來說，假如孩子怕狗，你可以要求他從看狗的圖片開始，並且向孩子示範他可以對自己說什麼（「我正在看這張狗的圖片，當我想到真正的狗時有點害怕，可是我應付的還不錯，現在我並沒有那麼怕了，我可以若無其事地看狗的圖片。」），下一步或許就是讓孩子在屋裡、狗在屋外，然後和孩子聊聊他的感受。之後再進一步讓狗更接近孩子。類似的做法也可以用在孩子其他的恐懼和恐慌。父母一定要循序漸進地提高孩子接收焦慮的程度，等到孩子對目前的狀態感到自在，再進行下一步。要引導孩子熟練面對焦慮的技巧，關鍵要素就是實際的距離和時間。起初，孩子和引發焦慮的主體距離很遠，同時接觸時間很短暫；接著，逐漸縮短距離並增加接觸時間。準備腳本（孩子在情境中說的話）和孩子能夠派上用場的策略（例如，停止胡思亂想，或者是他可以做些什麼來轉移注意力）也很有用。

❸ 能夠運用這種方法面對憂慮或焦慮的類型：一、分離焦慮（當孩子和愛的人分開時，感覺不開心或很擔心）；二、處理沒有遇過或不熟悉的狀況；三、強迫性思考或災難性思考（老是在擔心會發生不好的事情）。雖然因應策略可能各不相同，不過這套管理方法應該可以應付這三種類型的焦慮。

常規18

學習應付計畫的變動

（空白表格請參見《執行力訓練手札》第367頁）

- 執行能力：情緒控制力（第十三章）、變通力（第十九章）。
- 適用年齡：任何年齡都適用。

幫助孩子心平氣和地接受計畫的變動，需要預先的準備和勤於練習。只要一有機會，父母就要在孩子明確訂出計畫之前，事先把那段時間預定要做的事情告訴他。同時，父母也要開始經常向孩子說明可能會做的小變動；隨著時間，慢慢增加孩子對於意外狀況的忍受力。

訓練流程與步驟

❶和孩子一起坐下來，設定各種活動和任務的時間表，內容可能包括當天預定要進行的家事和例行工作，或只是列出已經成為例行任務一部分的事務清單。把任何和你有關的「必須」進行的活動（用餐時間、就寢時間等），以及任何的固定活動（例如，上課和運動）納入時間表內。（「活動時間變動記錄表」空白表格請參見《執行力訓練手札》第367頁）

❷除非有必要（譬如，體育活動和上課），盡量別為活動設定明確的時間，改以時間範圍來表示。例如，孩子每天可能下午六點左右吃晚餐，就把晚餐時間設定在五點半到六點半之間。

❸向孩子說明，雖然已經事先擬好計畫和時間表，但是凡事總有變化或「意外」。

❹製作視覺形式的時間表。例如把活動寫在一張卡片上，或是用一系列的插圖來表示，然

後把它貼在至少兩個地方，例如廚房和孩子的房間。做一張「驚訝卡」，向孩子解釋當計畫生變時，你就會給他看這張卡片，說明變動的內容，並且把更動的項目與新的時間放進時間表。

5. 和孩子一起檢討時間表，時機可以選在前一天晚上或是當天早上。

6. 開始變動計畫，並且給孩子看驚訝卡。一開始，這些變化應該是讓人開心的事情，例如：額外的遊戲時間、出去吃冰淇淋、和爸爸媽媽一起玩遊戲。然後慢慢加入比較「無傷大雅」的變化（例如，柳橙汁換成蘋果汁、換另外一份燕麥片等）。最後再加入比較不愉快的變化（因為天氣不好，不能進行原本計畫好的活動）。

修改／調整工作清單

如果驚訝卡和循序漸進加入變化還不夠有效，還有幾個其他方法可以考慮。只要一有機會，盡可能在活動發生之前改變計畫，這樣可以讓孩子有時間慢慢適應變化，而不需要快速調適。視孩子對較不愉快變化的反應而定（哭鬧、抗拒、抱怨），和孩子談談他還可以採取什麼行為，以可接受的方式來表達抗議（例如，填寫「抱怨單」，空白表格請參見《執行力訓練手札》第367頁）。只要孩子能夠順利應付計畫的變動，父母也可以給他獎勵。

請記住，孩子對計畫變動的反應強度，會隨著他遇過這種情形以及成功處理的經驗而遞減。只要父母循序漸進讓孩子接受計畫的變動，而且不要一開始就要他應付令人沮喪或具有威脅的狀況，孩子的適應性就會愈來愈好。

常規 19

學習不要動不動就哭

（空白表格請參見《執行力訓練手札》第365頁）

- 執行能力：情緒控制力（第十三章）、變通力（第十九章）。
- 適用年齡：任何年齡都適用。

當孩子動不動就哭，通常是想傳達需要同情的訊息。而他們會用這種手段搏取同情，是因為他們發現過去這個方法屢試不爽。因此，父母引導的目標，並不是要教導孩子成為堅毅不拔的小小軍人，而是要幫助他們找出哭鬧以外的方法，來爭取自己想要的東西。**父母的目標是教導孩子以言語代替眼淚來進行溝通。**

訓練流程與步驟

❶ 讓孩子知道太愛哭，會讓別人不喜歡和他在一起；也讓他知道，父母想幫助他心情不好時，找到處理情緒的其他方法。

❷ 向孩子說明心情不好時，他應該要用言語代替眼淚。父母可以教孩子分辨自己的感受，來達成這個目標（例如：我不開心、我很難過、我很生氣等）。

❸ 讓孩子知道，解釋引起這些感覺的原因，對他可能會很有幫助。

❹ 當孩子能夠使用言語表達時，藉由確認孩子的感受來回應他，例如：「我能理解你為什麼不開心。不能和朋友玩，你一定失望極了。」這樣的說話方式可以向孩子傳達理解和同情。

5 讓孩子預先知道，遇到不開心的狀況時，會發生什麼事，包括給孩子一個應付狀況的腳本。父母可以說：「當你想哭的時候，你可以用『我很生氣』、『我很難過』、『我需要幫忙』或『我需要休息』這類的措詞來表達。好好講，我會聽並設法理解你的感受；不過，如果你開始哭哭啼啼，你就要靠自己了。我會走開，或者要你回房間把眼淚擦乾。」一開始父母可能不時需要提醒孩子應對的流程，讓他在遇到不開心的情境時，有照劇本做的心理準備。

6 孩子一哭起來，先確認他沒有引起任何人的注意，也就是說不能有任何一個人（包括：兄弟姊妹、父母、爺爺奶奶等）在意孩子的哭鬧。所以，**父母應該確認和孩子可能有接觸的每個人都了解你的做法。一旦沒有人在意孩子哭鬧，孩子哭哭啼啼的行為便會逐漸消失。**

7 我們的目標並非要撲滅所有的哭泣行為（因為孩子有哭的正當理由）。判斷孩子哭的時機是否恰當，是想想看和孩子同年齡小朋友，以當下的情境來說，哭是不是符合自然反應？

修改／調整工作清單

如果孩子愛哭的習慣堅不可摧時，父母可能要建立一套獎勵機制，幫助孩子學習以言語代替眼淚。這視孩子的年齡而定，如果孩子會用說而不用哭的，或是有一段時間不哭，父母就可以給他貼紙或點數當作獎勵。要決定孩子維持多久沒有哭，做個記錄來了解孩子目前哭的頻率會很有幫助。我們附上一份「我不開心記錄表」（空白表格請參見《執行力訓練手札》第365頁），幫助你追蹤孩子多久哭一次、每次哭多久、以及引發事件為何？接著你可以和孩子談好怎麼處理想哭時的「約定書」，根據孩子的年齡，可以用文字、圖片或圖文並茂的方式，填寫你們的約定書。

常規20

學習解決問題（空白表格請參見《執行力訓練手札》第368頁）

- 執行能力：後設認知力（第二十一章）、變通力（第十九章）。
- 適用年齡：七到十四歲。雖然最進階形式的「後設認知」，是兒童最晚才發展出來的技巧之一，不過父母也可以針對較幼小的孩子進行解決問題的訓練。

訓練流程與步驟

❶ 和孩子說明現在碰到什麼問題，一般來說，這個過程牽涉到三個步驟：(a)向孩子強調或是讓孩子知道你理解他的感受；(b)對問題有大概的認識；以及(c)把問題定義更仔細，這樣父母才可以開始進行解決方案的腦力激盪。

❷ 腦力激盪解決方案。和孩子一起集思廣益，盡可能想出各種可能的方法。父母可能要設定一個時間限制（例如兩分鐘），因為這樣可以加速整個流程，感覺比較不像在進行開放性任務。寫下所有可能的方案，不要在此時提出批評，因為這樣會扼殺孩子創造性思考的過程。

❸ 要求孩子檢視所有的解決方案，並從中挑出他最喜歡的一個。父母可以先從要他圈出三到五個最喜愛的選項開始，然後討論每個選項的優缺點，再進一步把範圍縮小。

❹ 詢問孩子是否需要人幫忙他執行該選項。

5 討論若第一個解決方案沒效該怎麼辦？這個步驟可能包括挑選不同的解決方案，或分析第一個解決方案的問題，並且加以修正。

6 如果孩子想出一個很好的解決方案，就給他讚美（等孩子執行該方案後，再讚美一遍）。

修改／調整工作清單

這是一個標準的解決問題方法，它可以用來解決各式各樣的問題，包括人際關係，以及阻撓孩子獲得想要或需要事物的障礙。有時候最好的解決方案，其實是思考克服障礙的方法，有時則是在幫助孩子對自己無法得到的東西，學會慢慢地釋懷。有時候解決問題的過程可能會演變成「談判」，父母和孩子針對要做什麼事來解決問題取得共識。在這個情況，父母應該要向孩子解釋，無論你們想出什麼方案，雙方都必須接受。

等父母和孩子一起運用這套流程（和工作表），解決幾個不同類型的問題之後，孩子便可以自行利用這份工作表了。因為父母的目標是培養孩子獨立解決問題的能力，因此你可能得要求孩子在求助於你（若有需要）之前，先自行填寫這份「解決問題工作表」（請參見《執行力訓練手札》第368頁）。孩子最後會將整個過程內化吸收，並即時解決問題。

第11章

提高反應抑制力——讓孩子學會思考後再行動

反應抑制（Response Inhibition）是一種三思而後行的能力，也就是在評估局勢之前，壓抑住脫口而出或採取行動的衝動。

對非專業的觀察者來說，成年人缺乏抑制反應能力，比擁有抑制反應能力來得明顯，因為大部分的成人都會維持一定程度的自制力，以便在家庭和工作上順利運作。多數人在成年以前，通常都透過痛苦的經驗，才學會如何思考後再行動。當某人因缺乏反應抑制能力而引人側目時，我們會說這個人「直腸子」、「脾氣火爆」，或是給他一個「口無遮攔」的評價。

有些人意識到自己情緒激動後，便能把這項執行能力發揮地相當好。但當我們的身體因為酒精濃度太高、睡眠太少，或壓力太大而受到損害時，三思而後行的能力也會隨之減弱。如果父母本身容易妄下結論，或者在掌握必要事實前便展開行動，你本身就可能缺少反應抑制的能力。

生心理發展

反應抑制力會在青春期再次受到挑戰！

嬰兒階段

之前提過，反應抑制力早在嬰兒時期就出現了。抑制反應以最原始的形式，讓嬰兒「選擇」

是否要對眼前的事物做出回應。如果有某個東西進入他們的視線範圍，他們會被迫將視線移向它，並且至少注視一段時間來理解它。隨著反應抑制的出現，假如小嬰兒心有旁騖，決定忽略眼前事物的能力便會受到干擾因素的阻斷。一旦語言開始發展，反應抑制的能力會更進化，因為它可以將別人的規則加以內化。

如同目標堅持力，其最進階和最複雜的形式，可能就是定義一個成熟大人最極致的執行能力；反應抑制則是引導一切執行能力發展的基礎能力。一個完全受衝動支配的孩子，無法積極行動、維持專注力、組織規畫，或有效地解決問題；而一個能克制衝動的孩子，在學校表現、交朋友和最終設定與達成目標方面，都具有顯著的優勢。

兒童階段

多年前有一個著名的棉花糖「延遲享受」研究顯示，兒童幼年時期的反應抑制能力會因人而異，而這些差異可以預測出兒童未來發展的不同成功程度。科學家把三歲孩子獨自留在房間，然後給他一顆棉花糖，並讓他自己決定要馬上把糖吃掉，或是等科學家回來換兩顆棉花糖。研究人員觀察到有些孩童會藉由自言自語、不看棉花糖，或是找其他方法轉移對糖的注意力來控制衝動。當研究人員幾年後再回來追蹤時，他們發現三歲時擁有良好反應抑制能力的孩子，學業成績的表現比較好、為非作歹的機率比較低、在其他方面的表現也比較成功。

青少年階段

雖然孩子會隨著時間和年齡更熟練大部分的執行能力，不過反應抑制力的發展並不像軌道一

樣可以一直平緩、穩定，似乎在青春期容易受到破壞。研究青少年大腦如何產生變化的神經科學家發現，在大腦中樞下面一點的位置（負責處理情緒與衝動的區域），和前額葉皮質區（負責處理理性決策的區域）之間，存在著某種「斷層」。唯有經歷青春期，甚至邁入成年期，這些連結才會變得更強更迅速。在這些連結穩健成型之前，青少年做決策時可能是草率的、憑「直覺」的，並沒有經過額葉全面判斷而受到定錨效應（anchoring influence，指容易受最先獲得的資訊影響的傾向）的影響。

與此同時，青少年還會經歷其他挑戰反應抑制能力的發展變化，其中「爭取自主權」具有關鍵性的影響。當青少年開始受到同儕更大的影響，並挑戰父母權威時，便會促成自主能力形成。可惜的是，雖然這個轉變可以幫助青少年更獨立，卻也可能讓他們更衝動。更麻煩的是，現在整個社會開始放鬆控管，青少年做出不良決策的可能性更高。如果運氣好，不良決策可以讓孩子學到寶貴的教訓，而且不會對孩子或任何人造成永久傷害。但是，如果我們積極幫助孩子學習控制衝動，這樣的好運還可以再獲得提升。

下一頁的評量表，讓父母能更進一步檢視孩子應用這項能力的頻率，同時證實或否決你在第二章為孩子所做的初步評估之正確性。

如果孩子每個階段的各項能力，大部分在2以上的評分，那麼你的孩子在反應抑制方面並沒有嚴重缺陷，但是做一些修正會更好。如果全部都是0或1，那麼父母可能需要直接教導孩子該項能力。為了幫助父母設計指導策略，我們提出幾個詳盡的情境，描述家長經常求助的狀況。說明指導策略後，按照本書前半部所討論的要素來分類指導策略，提供一份範本或大綱。在每個案例中，我們都會說明環境的調整、能力的指導順序，以及幫助加強孩子使用這項能力的誘因。

檢視孩子的抑制衝動力

評分說明
0－做不到或很少做到
1－表現普通（大約25%的時間可以做到）
2－表現相當不錯（大約75%的時間可以做到）
3－表現非常棒（每次或幾乎每次都可以做到）

學齡前／幼稚園階段

____ 對明顯的危險情境有適當反應（例如：不會跑到馬路上撿球）。
____ 會分享玩具，不一個人獨占。
____ 會按照大人的指示，等待一小段時間。

國小低年級階段（一～三年級）

____ 能遵守簡單的教室規則（例如：發言前先舉手）。
____ 能在避免身體接觸的情況下，靠近其他孩子。
____ 能等爸媽講完電話，再跟爸媽講事情（可能需要提醒）。

國小高年級階段（四～五年級）

____ 能在避免引起肢體衝突的情況下處理爭端（可能會發脾氣）。
____ 不需大人及時出現，就能遵守家裡或學校的規則。
____ 經過大人的提醒，能冷靜下來或緩和激動的情緒。

青少年階段（六～八年級）

____ 能遠離同儕的對立或挑釁。
____ 如果已經有既定計畫，能拒絕參與另一個有趣的活動。
____ 和一群朋友在一起時，能忍住不口出惡言。

專家分析

提高孩子反應抑制力的8個提醒

❶ **永遠要假設小孩是幾乎沒有控制衝動能力的。**這個道理似乎人盡皆知，不過當你家裡有一個聰明又散漫的小孩，大家經常會放大聰明這個部分，忘記當這個孩子只有四、五歲，天生聰穎並不代表必然具備反應抑制能力。即使反應抑制能力在嬰兒時期就已經開始發展，但是學齡前幼兒和低年級的兒童有太多誘惑要抗拒，有時是想吃冰淇淋，有時是很睏。無論是採取類似控制零食這種移除誘惑的方式、建立固定上床時間的常規、對特定行為做出規範（例如，展現良好的餐桌禮儀、和玩伴分享玩具），給予孩子密切的監督（例如，在停車場）、為孩子設限等動作，都可以讓小小孩對控制衝動有初步的認識，進而激發他們的反應抑制能力。

❷ **藉由形式上的等待，幫助孩子學習延宕對於想做或想擁有事物的滿足。**學習等待，是奠定孩子能隨著成長培養出更複雜的執行能力的基礎。如果你的孩子有不耐等待的問題，你可以設定定時器，讓他知道等到鈴聲響起，就能獲得他想要的東西，或者去做想做的事情。一開始設定小小的時間間隔，然後逐漸增加延遲的時間。利用「先做完……就可以……」時間表，也可以達到同樣的目標（例如：「先把你的拼字作業寫完，你就可以去玩電動」）。

❸ **要求孩子去贏得他們想要的東西，也是一個教他們延宕滿足與抑制衝動的方法。**假如這件事對孩子來說太困難，父母可採取視覺化的方式來記錄孩子的進步，例如圖表或貼紙

簿等方式。

4 幫助孩子了解，衝動控制得不好是有後果的。有些情況，這個後果是自然演變出來的事件：例如，如果孩子一直打他的同伴，他們很快就不會想再跟他玩；而有些情況，你可能需要強行主導後果，對孩子說：「如果你不跟弟弟一起玩Xbox，我就必須把Xbox收起來一下。」

5 事先幫孩子預習演練，讓孩子有心理準備應付需要控制衝動的狀況。問問孩子：「如果水上樂園的小朋友排了很長的隊伍，等著玩溜滑梯，你會怎麼做呢？」

6 利用角色扮演情境，練習反應抑制能力。孩子就跟大人一樣，當他們情緒激動、疲勞過度、或受到過度刺激時（例如放假期間），會比平常更難控制衝動。對這些特定情況，父母可以模擬一個不確定的兩難情境，並扮演另一個對照版孩子——在行動或說話之前會先進行思考能力的人。

7 在孩子進入某個需要表現出規矩的情境前，先提醒他，如果他能展現自我控制，便給予獎勵。假設父母正盡力幫助孩子避免在和鄰居玩時捲入爭端，在兒子出門前，父母可以問問他：「今天我們要努力求什麼表現？」然後觀察事情的發展，這樣當孩子達成自我控制時，父母就可以迅速給他獎勵。父母或另一個成人在場非常重要（或至少能夠近距離觀察孩子），這樣才能直接觀察孩子的行為，也才能在孩子一出現正向行為，立即強化它。

8 參考第十章的第十六項生活常規（參見第190頁），了解幫助孩子學習控制衝動行為的一般指導順序。

父母講電話，小孩頻頻打斷……

孩子的問題

個性活潑的梅基，六歲，在家中排行老二。雖然他可以自己一個人玩，但他還是比較喜歡和朋友一起玩，或是有爸爸媽媽陪。媽媽對於梅基老愛在講電話或有人來按門鈴時打斷對話，感到特別困擾。每次電話響起時，梅基可能正在看一本書，可是只要媽媽一接電話，梅基就會跑過去。有時候梅基可能會不斷地問：「媽咪，妳可以陪我玩嗎？」或是抱怨姐姐對他很壞。梅基經常用力拉扯媽媽的手臂、坐在媽媽腿上，或摸媽媽的臉。梅基的爸爸也會受到類似的干擾。

梅基的父母試過各種方法來因應這些干擾。如果通話時間很短，他們會交替以忽視梅基的存在和要他安靜這兩招來應戰。偶爾，如果電話很重要，他們會承諾給梅基新玩具來「買」他安靜的行為，有時候乾脆等晚一點再講。當梅基特別吵的時候，他們會威脅說，等一下掛掉電話會有不好的後果。不過，這些招式都沒有多大效果。

媽媽先調整環境

梅基的父母解釋專心講電話和聽電話對他們來說很重要，問他是否可以幫忙解決這個問題。梅基做了一張卡片，上面畫了卡車和樂高。他們把卡片收在電話旁邊，等電話響起或爸媽需要打電話的時候，他們就給梅基看卡片，要他從裡面挑一件事去做。

媽媽再進行引導訓練

他們發現通話時間必須短，也了解要經常稱讚梅基，以強化梅基良好的行為表現。頭幾天，每次他們一忘記稱讚，梅基就跑去找他們。父母從這件事領悟到，他們必須在梅基打斷他們之前先稱讚他。他們和梅基做了約定，如果他表現很好，就可以挑一些新的樂高或卡車。

誘因

成功關鍵

找出孩子真正想要的，主動滿足他！

- 主動給予孩子期望的行為（父母的關注），不要遲疑。如果父母遲遲不給孩子鼓勵，就等於留了一條後路，讓孩子可以停止正在玩的遊戲，跑過來引起你的注意，如此一來，引導訓練就搞砸了。
- 別以為很快成功，就代表問題已經解決，就鬆手了。如果父母按照計畫，並且每隔一小段時間就注意一下孩子，大多時候很快就能看到成果。之後，父母很容易會過度自信或單純因為不再受到干擾，而忘記稱讚孩子。但如果父母過早停止這個練習，孩子一定會故態復萌。你必須以漸進式的方式，減少對孩子的注意（例如，從每隔三十秒看一下，變成每隔四十五秒或一分鐘看一下），直到孩子能不吵你，專注於活動五到十分鐘以上為止。孩子對活動的持續力能夠維持多久，因年齡而異，如果是幼稚園到小學低年級階段的孩子，應該持續至少每隔幾分鐘就看一下。

教養案例12

哥哥希望有個人空間與時間，對弟弟沒耐心，兄弟吵吵鬧鬧……

孩子第一個問題行為

伊凡是十三歲的國一生，他一聽到別人批評，就會忍不住發脾氣。伊凡聰明伶俐，很會耍寶，但是他愛挖苦人，出言不遜，也常因此惹麻煩。伊凡有兩個十歲和七歲的弟弟。

父母引導訓練「反應抑制力」步驟表

★《執行力訓練手札》p356、357收錄空白表格★

步驟一：建立行為目標

期望孩子培養的執行能力：反應抑制力

具體的行為目標：父母講電話的時候，孩子能自己玩，不要吵鬧。

步驟二：設計引導方法

需要提供什麼樣的環境支持，來達到期望的目標？

- 準備孩子喜愛的玩具。
- 準備讓孩子選擇要玩什麼的圖卡。
- 電話響的時候，父母要提醒孩子做選擇。

要教孩子什麼具體能力？由誰來教？採取什麼流程來教？

能力：抑制反應力（學習在父母講電話的時候自己玩，不要吵爸爸媽媽）

誰負責教：父母

步驟：

1.讓梅基選兩個他喜愛的遊戲活動。

2.父母製作這兩個活動的圖卡。

3.當父母準備打電話或電話響的時候，把卡片拿出來，讓梅基選一個活動。

4.父母講電話的時候，稱讚並鼓勵梅基繼續玩。

要使用什麼誘因，激勵孩子使用／練習這項能力？

- 父母稱讚梅基能自己玩。
- 如果梅基表現很好，父母就幫梅基添購新玩具。

孩子第二個問題行為

伊凡和弟弟老是吵來吵去，自從伊凡上了國中，兄弟吵架的情形似乎愈演愈烈。

這種兄弟不和的程度，已經演變成只要伊凡和其中一個弟弟在家，最後一定會以大吵收場。雖然媽媽了解每個男孩都有衝動的一面，但是她也覺得，若伊凡的反應不那麼大，她比較能管教好兩個弟弟。媽媽把伊凡找來，和他討論這個狀況，並試著想辦法。伊凡承認他並不喜歡吵架，但是他不知道如何克制自己的反應。伊凡覺得要保有一些隱私，認為如果能減少和弟弟接觸的時間，他的自制力會比較好。伊凡也聽到媽媽的說法，他答應只要一切控制得宜，他願意花（一點點）時間和弟弟相處。

和孩子討論調整環境與解決方案

伊凡和媽媽達成一個共識：他的房間屬於私人空間，弟弟未經他的同意不能進去。一開始，伊凡同意平日每天和弟弟一起玩二十分鐘，週末則延長為三十分鐘。伊凡覺得假如一起遊玩的時間有經過安排，他和弟弟比較不會吵架（媽媽也認同），於是他們找弟弟一起列出偏好的遊戲和活動清單，讓弟弟可以選擇要和伊凡玩什麼。伊凡必須要在門口掛上牌子，一面寫我現在有空，另一面寫我現在沒空，讓弟弟知道哪個時間可以進去找他。

利用提醒和獎勵，同步解決兩個困擾

要管教伊凡的快言快語實在有點頭痛，媽媽認為伊凡需要一些提醒和獎勵，來幫助他控制行為。伊凡一直想要一支手機。媽媽提議若伊凡不在自己房間時，他連續兩個小時都沒有和弟弟出現爭端，媽媽就給他一個點數。只要伊凡集滿一百點，媽媽就買手機給他，之後他可以用點數來換通話時間。

雖然這套機制需要媽媽相當程度的監督，不過能夠消除兄弟爭吵的裂痕，這樣的代價並不算高。在家裡，伊凡養成了對弟弟的話充耳不聞的習慣，而且他也很喜歡一起玩的某些時光。媽媽很開心，因為她看到兄弟的紛爭減少了。大約過了五個禮拜之後，媽媽就能採取比較隨興的方式，讓伊凡爭取通話時間。

成功關鍵

父母堅守立場一致、說到做到！

- 一開始保持立場一致是關鍵。當弟弟說出或做出激怒伊凡的事情時，伊凡得看到媽媽教訓弟弟。如果媽媽沒有這麼做，伊凡會認定這個機制不公平，並恢復之前的反應。假如父母管教弟弟的行為不夠明快、覺得弟弟說的話不值得「大驚小怪」，並期待年長的孩子會自行忽略弟弟的言行，那麼計畫一定會失敗。
- 要有仍然會有爭執的心理準備，因為你無法掌握兄弟之間發生的所有事。如果出問題，父母可能需要設定規則：假如吵起來，就要他們各自回房至少十五分鐘。
- 如果這套計畫好像沒用，很可能是因為你分配孩子一起玩的時間太長了。要伊凡一開始就和弟弟玩二十分鐘或許太久，若是如此，可以設計短一點的遊戲時間，之後再慢慢調整延長時間。
- 當你同意為孩子期待的行為兌現承諾時，說到做到非常重要。由於媽媽慎重其事地履行給點數的承諾，並且等伊凡一集滿一百點，便立刻買手機給他，伊凡和媽媽說好不和弟弟爭執／吵架的約定才會有效。

父母引導訓練「反應抑制力」步驟表

★《執行力訓練父母手札》p356、357收錄空白表格★

步驟一：建立行為目標
期望孩子培養的執行能力：反應抑制力 具體的行為目標：回應弟弟時，伊凡得克制語帶威脅的衝動。
步驟二：設計引導方法
需要提供什麼樣的環境支持，來達到期望的目標？ • 給孩子他想要的私人空間和時間。 • 由媽媽出面調解弟弟對伊凡說的話。 • 經過安排的活動以及限制兄弟互動的時間。
要教孩子什麼具體能力？由誰來教？採取什麼流程來教？ 能力：反應抑制力（向弟弟講清楚自己有空的時間，並控制對弟弟說話的反應） 誰負責教：媽媽 步驟： 1.伊凡要明白表示自己什麼時候有空、什麼時候沒空。 2.伊凡同意安排有時間限制的遊戲和弟弟一起玩。 3.媽媽負責拿捏份際，並管教弟弟不當的話語。 4.媽媽每天提醒伊凡，要記得收斂對弟弟的反應。 5.如果伊凡感覺受挫，就離開現場回房去。
要使用什麼誘因，激勵孩子使用／練習這項能力？ • 媽媽保證伊凡能享有私人時間和空間。 • 伊凡有機會贏得手機以及通話時間。

第12章

強化工作記憶力——協助孩子練習記下任務的方法

工作記憶力（Working Memory）是執行複雜任務時，將資訊暫存在大腦的能力。我們隨時隨地都需要仰賴工作記憶力。

到商店去買幾樣東西時，我們不需要做筆記，就能記住要買什麼，靠的就是工作記憶力；當家人請你幫忙做某件事，你回說：「等我把髒碗盤放進洗碗機就去。」而之後你也確實記得做這件事，有可能就是因為你擁有相當好的工作記憶力。然而，假如你記不得任何人的生日；除非你把待辦事項寫下來，否則事情都只完成一半，那麼你的工作記憶力可能沒有很好。

生心理發展

孩子的工作記憶力會隨著年齡慢慢增強

嬰兒階段

工作記憶力在嬰兒時期就已經開始發展。當父母逗弄小嬰兒，把他最愛的玩具藏到毛毯底下，如果他能夠掀開毛毯找回玩具，你就知道這個小嬰兒運用了工作記憶力，這是因為他能夠將玩具的影像暫存在大腦，同時也記得父母是怎麼把玩具藏起來的。

兒童階段

兒童在發展語言區的工作記憶之前，會先發展非語言區的工作記憶能力，因為不使用語言的技巧是在語言形成之前便開始出現。不過，當兒童發展語言時，他們的工作記憶力也會隨之擴展，因為在這個階段，兒童已經可以利用視覺意象和語言來擷取資訊。當兒童和青少年執行類似工作記憶執行能力的任務時，他們是靠前額葉皮質區來處理所有的工作，而不是像成年人把工作負荷分配至大腦的其他專門區域。因此，對兒童和青少年來說，他們需要比成年人更專注、更努力，才能啟動工作記憶，這可以解釋為什麼兒童和青少年，比較沒有運用工作記憶來完成日常生活工作的傾向。

父母對於幼小孩童在工作記憶方面的能力很自然地會有一個預設期望。三歲以前，父母通常會期望孩子只要記住和他們接近的事物就好，不論是時間或空間。父母可能會站在遊戲室，要求孩子把積木收回玩具箱，但是通常不會吩咐孩子回房去收拾。漸漸地，父母希望孩子能夠記住的時間長度和距離可以延伸。藉由下一頁的評量表，父母可以根據孩子在各個成長階段能夠獨自完成的任務類型，評估孩子可能正處於哪一個發展歷程。

專家分析

強化孩子工作記憶力的8個提醒

❶ 告訴孩子你希望他記住的事情之前，與孩子目光接觸。

❷ 如果你希望孩子全神貫注，盡量將外部干擾降至最低（例如，把電視關掉）。

檢視孩子的工作記憶力

評分說明

0－做不到或很少做到

1－表現普通（大約25%的時間可以做到）

2－表現相當不錯（大約75%的時間可以做到）

3－表現非常棒（每次或幾乎每次都可以做到）

學齡前／幼稚園階段

____ 簡單的跑腿（例如：聽到要求時，會去房間幫忙拿鞋子）。

____ 能記住剛才的指令。

____ 可以在每個步驟只給一個提示的情況下完成例行工作（例如：吃完早餐後刷牙）。

國小低年級階段（一～三年級）

____ 能辦好需要兩至三個步驟的雜事。

____ 能記住幾分鐘之前給的指令。

____ 只給一個提示，就可以完成兩個步驟的例行工作。

國小高年級階段（四～五年級）

____ 記得放學後去做某件例行工作，不需提醒。

____ 記得把書本、文件和作業帶去學校和帶回家。

____ 記錄每天變動的行事曆（例如：放學後進行不同的活動）。

青少年階段（六～八年級）

____ 能記錄不同老師交代的作業和課堂要求。

____ 能記住和平常不同的活動或責任（例如：校外教學的家長同意書）。

____ 只要給予充分的時間或練習，能記住步驟繁複的說明。

❸ 要求孩子複述你剛才說過的話，確定他有聽進去。
❹ 利用書面提醒：有圖片的進度表、清單和行事曆。視孩子的年齡而定，在每個階段提醒孩子「檢查進度表」或「確認工作清單」。
❺ 在情境發生之前，先和孩子預習你期望他記住的事，例如：「瑪莉阿姨給你生日禮物後，你要說什麼呢？」
❻ 幫助孩子想出他認為有效、能幫助他記住重要事情的辦法。
❼ 若孩子已經上了國中，可利用手機、簡訊或即時訊息的方式，提醒他該做的事情。
❽ 孩子記得重要資訊即給予獎勵，若忘記便施以懲罰。當孩子的工作記憶只是稍微發展不夠成熟，胡蘿蔔和棍子雙管齊下的方式是很有用的。

確認孩子的問題

教養案例13

老是忘記自己該做什麼，換衣服拖拖拉拉……

安妮是一個聰慧的八歲小女孩，她有時候很心不在焉，不過卻是成績前半段的學生。每天早上都要上演類似的戲碼：「安妮，該去換衣服了。」「好啦，媽。」安妮說著就走上樓。過了快二十分鐘，媽媽看見安妮坐在地上畫畫，身上還穿著睡衣。「安妮！」媽媽手上抓著衣服，氣急敗壞地吼著。接著安妮開始對媽媽拿來的衣服挑三揀四，但是媽媽要她閉嘴，並且堅持要親眼確定安妮老老實實地把衣服穿好，並要求她必須在「一分鐘內」到樓下去！

她們決定試試別的方法。假如安妮同意配合媽媽的計畫，媽媽就答應讓安妮去買幾件她想要的衣服。首先，她們列出穿衣服的步驟，安妮把這些步驟抄下來。有時候安妮很難下定決心要穿什麼，所以她們決定前天晚上先挑出兩套衣服，然後她們進行穿衣步驟演練。

陪孩子演練解決方案

剛開始，安妮認為如果媽媽可以到樓上盯著她開始行動會更好。因為安妮有時會東摸西摸，因此把計時器設定為五分鐘間隔，這樣即便她分心做別的事，有計時器可提醒。此外，當媽媽聽到計時器響起，她也會問：「妳穿到哪裡了？」然後安妮回報她正在進行哪個步驟。

確實監督

計畫開始的前幾個星期，有一、兩天早上，安妮必須要媽媽盯著才會動，不過她們對整體成果都很滿意。後來安妮覺得媽媽不用上樓她也能應付自如，但她還是喜歡媽媽的口頭提醒，還有表現好的時候給她稱讚。此外，她們還計畫好，要一起去逛街買衣服。

成功關鍵

一旦訓練啟動，須切實貫徹監督、提醒的動作

- 計畫展開的初期就要展現熱忱和貫徹力。通常第一次導入這套機制就會成功，因為它很創新，而且它提供了系統化的提醒方式和獎勵當作誘因。當計畫失敗，通常是因為父母一開始並沒有密切監督。
- 不要犯下必須長期提醒孩子的錯誤。根據我們的經驗，很多孩子都需要持續的提醒，當父母不是很積極給孩子提醒時，通常一開始的成果會消失。當父母開始減少提醒次數，孩子便「故態復萌」時，父母必須持續腳步，用極其緩慢的步調，逐漸減少提醒的責任。

父母引導訓練「工作記憶力」步驟表

★《執行力訓練父母手札》p356、357收錄空白表格★

步驟一：建立行為目標
期望孩子培養的執行能力：工作記憶力 具體的行為目標：大人只提醒一次，安妮就能在十五分鐘內，完成早上把衣服穿好的工作。
步驟二：設計引導方法
需要提供什麼樣的環境支持，來達到期望的目標？ • 預先把衣服挑好。 • 準備計時器。 • 在計畫展開初期，父母必須從旁觀察和提示。
要教孩子什麼能力？由誰來教？採取什麼流程來教？ 能力：工作記憶力（確實執行每天早上的例行工作） 誰負責教：媽媽 步驟： 1.媽媽和安妮面對面討論問題和想要的結果。 2.母女倆一起列出穿衣步驟，安妮把這些步驟抄下來。 3.前天晚上先挑出兩套衣服。 4.安妮進行模擬練習。 5.安妮決定需要多少時間穿衣服，並買來一個計時器。 6.媽媽同意前一兩個星期，要提醒和監督安妮。 7.計時器每隔五分鐘響起時，媽媽負責檢查進度。 8.媽媽記錄每天需要提醒的次數。
要使用什麼誘因，激勵孩子使用／練習這項能力？ • 媽媽的稱讚。 • 買新衣服。

教養案例14

常常忘記提前確認該帶的體育用具……

確認孩子的問題

星期一早上七點半，十四歲的國二學生傑克正坐在電腦前和朋友用即時通交談。傑克今天要參加一場足球比賽，爸爸說：「小傑，檢查一下足球袋，確定東西都帶齊了。」「沒問題。」傑克一邊回答，一邊繼續和朋友即時通。就在校車快來前的幾分鐘，當傑克走到門口，火速打開背包，翻來覆去地尋找：「你把我的護腿板拿哪去了？」傑克責怪爸爸，爸爸怒不可抑。到了足球場，教練非常生氣，告訴傑克不用下場了。比賽快開始前，傑克的爸爸遇到一個家長，對方多帶了一套護腿板。傑克的爸爸掙扎後，把護具拿給兒子，並說好這是最後一次。

利用核對清單輔助

那天晚上，父子倆討論如何收拾、並記住體育用具位置的方法。爸爸建議傑克在整理背包時，可以用一張清單來核對裝備是否齊全。雖然這個方法能幫助傑克知道需要用的東西是否都已裝入背包，但是並沒有解決用具收納的問題。傑克說，或許應該清出一個區域，把裝備懸掛起來，這樣他就有固定位置擺放他的體育用品，並且很容易就能看出少了什麼。

調整環境

爸爸和傑克說好，要在這個體育用品區貼上練習和比賽要用到的裝備標籤，爸爸同意前一晚會提醒傑克去檢查和打包。傑克也答應當爸爸前晚提醒他時，他會馬上去做。另外，他們也說好，如果傑克沒有遵守規則，又丟三落四的話，爸爸是不會出面救他的。

成功關鍵

只聽孩子說好不準，必須看到實際行動！

- 若孩子表示已經按照父母的提醒去做，不要盡信。雖然以大部分的情形來說，設置專區可能就夠了，不過對於工作記憶力較弱的孩子，當他們被要求或提醒記住某件事的時候，他們通常會表示自己已經做完或會去處理，可是一說完就忘得一乾二淨。因此，父母提醒孩子之後，還必須檢查並確認孩子是否真的有按照你的提示行動。關鍵是父母在發出提醒的同時，孩子就要展開行動才行，父母可能需要更常監督孩子，直到孩子建立預期的表現為止。

父母引導訓練「工作記憶力」步驟表

步驟一：建立行為目標
期望孩子培養的執行能力：工作記憶力 具體的行為目標：傑克每次比賽前，都會收拾體育用具，只要大人提醒一次，就能把每場比賽要用的東西都準備好。

步驟二：設計引導方法
需要提供什麼樣的環境支持，來達到期望的目標？ • 在傑克的體育用品專區，貼上練習和比賽要用的裝備標籤。 • 比賽前天晚上，爸爸會提醒傑克去檢查與打包裝備。
要教孩子什麼具體能力？由誰來教？採取什麼流程來教？ 能力：工作記憶力（記得練習和比賽要用的體育用品） 誰負責教：爸爸 步驟： 1.爸爸和傑克面對面約定好收納體育裝備的計畫。 2.傑克在爸爸的協助下，布置一個體育用品收納專區。 3.傑克幫所有裝備製作標籤和鉤子，並把用具安置妥當。 4.傑克在爸爸的監督下，進行一次模擬演練。 5.爸爸同意前一天晚上提醒他把裝備準備好。 6.爸爸提醒之後，要檢查並確認傑克有按照約定去做，為期兩個禮拜。
要使用什麼誘因，激勵孩子使用／練習這項能力？ • 傑克將能順利參與體育活動，不必再承受因為忘記帶裝備被教練苛責的後果。

第13章

改善情緒控制力——給孩子平撫負面感覺、找到正向情緒的力量

情緒控制力（Emotional Control）是為了實現目標、完成任務，或是控制和導引行為時管理情緒的能力。如果情緒控制是你的強項，表示你不僅能輕鬆應付日常生活的情緒起伏，在遇到情緒比較激動的狀況下，仍能保持鎮靜。擁有控制情緒的能力，意味著你不只能夠控制脾氣，也能處理諸如焦慮、挫折和失望種種不愉快的感覺。此外，能夠控制情緒，也代表你能開拓正向的情緒，幫助你克服障礙，或是在經歷困難時仍能勇往直前。不難看出，情緒控制技巧對於兒童時期和其後的成功，具有多麼重大的意義。

有些人在某些場合會展現情緒控制力，不過偶爾還是會有失控的時候。大部分的人都有「公我」（public self）和「私我」（private self）兩個面向，這些性格似乎受到不同原則的主宰。孩子在學校是否循規蹈矩，一回家便原形畢露？你在工作時沉穩冷靜，但是在家人面前便卸下心防？這種性格的轉換並不奇怪，而且向來就不是問題，不過有時還是可能會搞砸事情。

如果父母或孩子覺得壓力實在太大了，一旦回到家以及在家人面前，實在很難再裝下去的時候，孩子因為欠缺某種執行能力，導致躊躇不前，若對你造成大問題，那就表示父母和孩子應該把提升情緒控制力列為優先要務。事實上，如果父母和孩子在情緒控制方面都感到吃力，父母可能要運用第三章的小祕訣，再以本章為基礎，構思出一套指導方法以改善管理情緒。若父母發現是因為自己本身的情緒控制力不足，而造成孩子的問題時，可能要考慮尋求心理治療師的協助。

生心理發展

每個階段的孩子都會面臨情緒控制的挑戰！

嬰兒階段

嬰兒出生後，就會期待父母回應他們的生理需求，當這些需求獲得一致且符合預期的滿足，一般來說，小嬰兒都能控制自己的情緒。但大人總是會有無法立即提供慰藉的時候，因此小嬰兒便逐漸學會自我安慰。大多數的嬰兒似乎都能突破這個階段，學習自我安慰的技巧。

幼兒階段

然而，在學步期和學齡前的階段，你就會開始看到情緒管理能力的個別差異。有些小小孩在經歷「可怕的兩歲」時，只會稍微耍一點小脾氣，但有些孩子卻有情緒失控的問題，那種令人抓狂的頻率或強度，即便對處變不驚的父母，都是一大挑戰。到了三歲左右，大部分的孩子都會發展出固定的作息，例如就寢時間，他們會對於井然有序的上床步驟有所預期。不過，你會注意到有些孩子能夠適應例行工作的改變，但是有些孩子一旦作息被打亂就會非常激動，因此情緒控制力不佳的孩子可能會顯得非常倔強。如果你的孩子符合這樣的描述，閱讀第十九章或許也會很有幫助，情緒控制力和適應技巧有很多雷同的地方。

小學階段

到了小學，情緒管理能力不佳的孩子，經常會碰到同儕相處問題：他們可能不願分享玩具、無法接受比賽或遊戲輸人、不願意在扮演遊戲中任人擺布。你會注意到擁有良好情緒控制力的孩子，他們能夠妥協、平靜地接受比賽的輸贏，並可能在同儕間發生口角時扮演和事佬的角色。

青少年階段

與許多執行能力一樣，青春期也會對情緒控制帶來新挑戰，處理壓力時比較容易出問題。青少年是依靠前額葉皮質區告訴大腦的其他部位如何應對進退。面對壓力時，借用大腦研究人員的說法：「他們就像發狂似地，在消耗大腦的前額葉皮質區。」這表示當青少年在同一時間要設法抑制反應、運用工作記憶力和控制情緒，大腦負責管理執行能力的前額葉皮質區負荷會變得過重，因此青少年經常會做出遲鈍或不好的決策。在情緒控制發展落後的青少年，若經歷超過負擔能力的情緒波動，將處於更大的不利局勢。

了解這點，父母就能盡一切所能，降低導致孩子不良決策的壓力，以保護好家裡的國中生孩子。同時，父母也可以運用本章的策略，幫助孩子提高他的情緒控制力。這絕對值得父母付出努力，能夠管理情緒的青少年，比較不會和老師或教練起爭執，他們不需過度焦慮，就能應付需要表現的場合（比賽、考試等），並且可以迅速從挫折中站起來。

專家分析

改善孩子情緒控制力的5個建議

1. 如果是年紀比較幼小的孩子，環境必須加以調整。父母可以藉由建立常規的方式，減少孩子情緒失控的可能性，尤其是用餐時間、午睡時間和就寢時間。避免讓孩子置身於可能受到過度刺激的情境，或者當父母意識到孩子要開始失控時，找出迅速把他帶離那些情境的方法。

2. **如果孩子開始覺得應付不來時，和孩子聊聊將會發生什麼事情，以及他可以做些什麼，讓孩子做好心理準備。**雖然有些困難的情境勢不可免，但父母可以預先準備以緩和孩子緊張的感覺。

3. **教孩子應對策略。**你提供孩子什麼樣的喘息選擇？較小的孩子或許能和老師或其他監護人達成協議，說好代表他需要休息的徵兆；在家裡，父母可以和孩子約定好，當事情因為太棘手很難處理時，孩子可以說：「我需要回房間一個人靜一下。」讓父母知道他需要休息。有一些簡單的自我安慰策略，包括去抱他最喜愛的填充玩偶（針對比較年幼的孩子），或是聽聽有撫慰效果的音樂（針對比較年長的孩子）。或者讓孩子學習放鬆技巧，例如深呼吸，以及交替收縮和鬆弛身體主要肌肉群的漸進式放鬆法（progressive relaxation）。

4. **給孩子一套遇到困難情境時的腳本。**這個腳本不一定要很複雜，只要簡短有力，讓孩子跟自己說說話，並且幫助他控制情緒就可以了。將這類的自我陳述予以模式化是很有用的。比方說，當回家作業看起來很困難時，如果孩子連試都沒試就放棄，或許父母可以告訴他：「在你開始寫作業之前，我希望你對自己說這段話：我知道這件事對我來說很難，但是我要繼續試；如果我努力後仍然毫無進展，我會尋求協助。」當孩子被迫繼續進行他們感到挫折或困難的任務時，情緒控制力不佳的孩子，比起同儕更可能嚎啕大哭或耍脾氣。

檢視孩子的情緒控制力

評分說明

0－做不到或很少做到

1－表現普通（大約25%的時間可以做到）

2－表現相當不錯（大約75%的時間可以做到）

3－表現非常棒（每次或幾乎每次都可以做到）

學齡前／幼稚園階段

____ 能從失望中快速復原，或適應計畫的改變。

____ 當其他孩子拿走他正在玩的玩具時，能夠採取身體以外的方法尋求解決。

____ 能不過度亢奮地和大家一起玩。

國小低年級階段（一～三年級）

____ 能接受大人的批評（例如：學校老師的責難）。

____ 能不過度生氣地去處理感受到的「不公平」事件。

____ 能視狀況快速調整行為（例如：在休息後冷靜下來）。

國小高年級階段（四～五年級）

____ 對於輸掉比賽或沒有獲選某個獎項不會過度反應。

____ 和團隊一起合作或遊戲時，可以接受自己得不到想要的東西。

____ 對於他人的嘲弄表現克制。

青少年階段（六～八年級）

____ 能「解讀」朋友的反應並隨之調整行為。

____ 能預期結果，並對於可能的挫折有心理準備。

____ 能適度展現自信（例如：請老師幫忙、在學校舞會邀請某人跳舞等）。

5 閱讀故事書，引導孩子向主人翁學習父母希望他展現的行為。《小火車做到了》（華提．派普爾Watty Piper著，小天下／出版）就是一個很好的例子，它要傳達的是情緒控制力不佳的孩子，通常很難掌握的正面情緒（在該書中，主角不斷以「我知道我可以的！我知道我可以的！」來展現決心）。

如果這些努力都不能緩和問題，父母可能要和顧問或受過認知行為治療（cognitive behavioral therapy）訓練的心理治療師合作。除此之外，我們也推薦兩本書，說明遇到特定的情緒控制問題時，如何運用這個治療方法來因應：《擔心太多了怎麼辦：幫助孩子克服焦慮問題》以及《抱怨太多了怎麼辦：幫助孩子克服負面思考》（丹．修本那Dawn Huebner著，書泉／出版），專門為了親子共讀而撰寫，書中包括設計給孩子的練習，以幫助他們了解問題和發展應對策略。

孩子焦慮影響臨場表現

教養案例15

很有責任感的小孩，但一遇考試就焦慮……

珂特妮是十四歲的八年級生，她在家中排行老大，是非常有責任感的女孩，但必須付出很多心血來維持學業成績表現，尤其是數學。

珂特妮即將有一個數學大考，她很認真地複習，並且找朋友解答她所不了解的數學題。現在，珂特妮覺得自己都已經搞懂了，但在考試前一晚徹夜難眠，考試時，整個胃翻騰糾結。前面幾題她還會回答，可是寫到其中兩道題目時，珂特妮的腦筋突然「一片空白」。後來考試成績公布，珂特妮得了個D。珂特妮很沮喪，因為她知道她會寫，但驚慌害了自己。

孩子思考自己需要什麼協助

珂特妮和爸媽共同擬訂計畫：珂特妮建議利用一到十分的評量表，如果她的焦慮感超過四分，就表示需要協助。珂特妮表示，如果她可以吐吐苦水，跟父母說她在煩什麼會很有用；但如果爸媽只是施加壓力，或制式回應：「妳要更認真準備才行！」這樣是沒有用的。

父母提出支持與承諾

珂特妮的父母同意會好好傾聽，詢問可以幫什麼忙，並試著不要給她壓力。如果他們的表現與承諾背道而馳，他們請珂特妮提醒他們。

孩子提出因應計畫

爸媽知道只要珂特妮事先擬好計畫，她對自己表現的擔心程度就會下降。珂特妮同意爸媽的看法，並提出以下的計畫，來因應自己對考試的焦慮。

- 只要是任何她會擔心的科目，考試前先去找老師，向老師解釋自己有時候會對考試感到焦慮，並詢問老師是否能推薦具體的學習技巧。
- 假如她在某一科目持續遇到困難，她應該設法安排時間，定期和老師一起複習。
- 尋求顧問的協助，看是否有任何策略可以管理壓力和煩惱。

父母認為這是很好的計畫。珂特妮從下次的數學考試開始啓動這項計畫，爸媽比較不那麼緊迫盯人，果然珂特妮更能自在地參加考試，老師也看到她的努力，給她額外的作業當作加分題。

成功關鍵

別做太多，只須給孩子主動提出的支持即可！

- **給予支持**。除非父母在應付考試焦慮方面有專長，否則不要提出太多意見，只須專注於傾聽以及給孩子主動提出的任何協助。做太多，或是建議他應該做什麼，對於一個已經感到

父母引導訓練「情緒控制力」步驟表

★《執行力訓練父母手札》p356、357收錄空白表格★

步驟一：建立行為目標
期望孩子培養的執行能力：情緒控制力 具體的行為目標：珂特妮的考試成績進步到C或更高。

步驟二：設計引導方法
需要提供什麼樣的環境支持，來達到期望的目標？ • 衡量焦慮的評量表。 • 父母不予批判的支持。 • 請老師協助複習教材。 • 運用考試焦慮策略給予輔導支持。
要教孩子什麼具體能力？由誰來教？採取什麼流程來教？ 能力：情緒控制力（降低焦慮） 誰負責教：老師、輔導老師、珂特妮 步驟： 1.珂特妮和老師見面，學習具體的學習策略。 2.針對珂特妮最不拿手的科目，定期和老師會面複習教材。 3.珂特妮和輔導老師會面，請教壓力管理策略。
要使用什麼誘因，激勵孩子使用／練習這項能力？ • 成績進步。 • 降低焦慮。

憂心忡忡的孩子來說，可能只會增加壓力並且造成反效果。

• **盡可能向老師、學校的心理諮詢顧問尋求具體協助。**珂特妮覺得當老師可以在身邊給她鼓勵，並提供具體的學習竅門時，對她的幫助很大。校方的輔導老師應該會有一些有用的策略，可以用來幫助飽受考試焦慮之苦的孩童。如果孩子說輔導老師幫不上忙，請你的家庭醫師介紹適當的人選，讓孩子可以在短期間內找他尋求應付焦慮的策略。

教養案例16

比賽輸了就大哭大鬧……

麥克就讀小學二年級，是家裡的老么，對體育特別擅長。他對於能夠參與「真正的」團隊十分興奮。不過，當自己或隊友有疏失，他就會大發雷霆、抱怨、哭泣，有時還會亂摔器材。

孩子無法控制、亂發脾氣

每次麥克情緒失控，教練就會要他坐到一邊，或是由爸媽帶開。過一陣子，麥克會冷靜下來，不過這樣的行為卻反覆發生。麥克父母曾考慮要他停止參與所有的體育活動，但是球賽對麥克來說太重要了；更明白若麥克學不會忍受失誤和輸掉比賽，將失去教育麥克的好機會。

嘗試改變環境無效

爸媽和教練及其他父母討論過後，他們擬了一個計畫。首先，他們向麥克說明，如果他想繼續參與體育活動，就必須想辦法改變行為：

爸媽、教練和孩子共同擬訂調整策略

• 當麥克對自己的表現不滿時，他可以用約定好的行為表達挫折，如握緊拳頭、兩臂交叉抱胸和用力捏，然後安靜地重複他選擇的動作。如果麥克的挫折感是來自隊友，他說出來的話都必須帶有鼓勵性質（例如：「做得好！」「還不錯喔！」等等）。

堅定落實調整策略

- 麥克和爸媽針對曾經發生的幾種狀況，一起寫下應對的方案。用新的策略取代舊的行為。
- 麥克和爸媽運用角色扮演模擬狀況，讓麥克真的「失誤」看看。例如沒把球投進籃框或漏接，然後採取新策略，再稱讚他策略運用得很好。
- 在每次比賽或練習前，由爸媽和麥克一起複習規則和策略，並要求麥克練習反應。比賽／練習結束時，如果麥克沒有失控，他就可以贏得點數，以去看他最愛的職業比賽當作獎勵。
- 麥克同意，感到挫折時，盡量不要發脾氣、尖叫、講不尊重別人的話或摔東西。一旦出現這些行為，他就得立刻退出比賽或練習，並禁止參加下次排好的比賽或練習。

麥克在前幾個星期並沒有完全控制自己的情緒，不過麥克的教練和父母注意到，麥克失控的次數已經大為減少，他們確信自己用對了方法。

成功關鍵

嚴格落實和孩子討論的替代策略！

嚴格執行參賽不耍脾氣的計畫，這個策略要一舉成功，必須持續遵守以下步驟：

❶ 提供孩子在可接受範圍內表達挫折的方法。
❷ 和孩子一起列舉最可能發生失控行為的情境。
❸ 進行狀況模擬（角色扮演），並提醒孩子合宜的行為表現。

❹ 在情境即將發生前，向孩子提醒你對他的期望。

❺ 如果有必要，將孩子帶離發生情境的地方。

跳過以上任一步驟，會讓孩子很容易再次失控，因為對幼童來說，要求他們在挫折的情境中「快速思考和反應」，是極為困難的事情。

父母引導訓練「情緒控制力」步驟表

★《執行力訓練父母手札》p356、357收錄空白表格★

步驟一：建立行為目標
期望孩子培養的執行能力：情緒控制力 具體的行為目標：麥克在比賽中失誤或輸掉比賽，不隨便耍脾氣。
步驟二：設計引導方法
需要提供什麼樣的環境支持，來達到期望的目標？ • 以可接受的行為作結的故事。 • 清楚說明和寫下對麥克行為的規範／期望。 • 情境發生前，父母預先給予提醒。
要教孩子什麼具體能力？由誰來教？採取什麼流程來教？ 能力：情緒控制力（在可接受的範圍內表達憤怒／挫折） 誰負責教：父母 步驟： 1.麥克和爸媽一起閱讀典型的情緒控制問題、最後結局圓滿的故事情節。 2.麥克和爸媽進行失控情境的角色扮演，並練習新策略。 3.比賽開始前，麥克和爸媽一起復習並預演對行為的預期／規範。 4.比賽結束後，麥克和爸媽檢討麥克的表現。 5.若麥克出現有問題的行為，就要接受禁止練習或比賽的懲罰。
要使用什麼誘因，激勵孩子使用／練習這項能力？ • 麥克可以繼續參與體育活動。 • 去看他最愛的職業球隊比賽。

第14章

強化持續專注力——讓孩子學會專心完成一件工作

持續專注力（Sustained Attention）是一個人無論心情不安、疲累，或厭倦無聊時，仍能對情境或任務保持專注的能力。

對成年人來說，持續專注力表示我們能盡力過濾令人分心之事，持續專注於職場上的任務或家務事；或者，當眼前的干擾勢不可免時，能夠盡可能迅速收斂心神回去工作。如果你的持續專注力很弱，會發現自己一直在轉換任務，往往第一件事還沒做完，就急著去做第二件事。

生心理發展

隨著年齡增長，持續專注力也會慢慢增強

幼兒階段

想像一個小小孩在海灘的畫面。小朋友只不過把一顆小小的鵝卵石丟到水裡，或是用沙子堆一條運河，這樣簡單的動作竟然能創造出無窮樂趣，是不是很不可思議？事實上，兒童年幼時維持專注的能力，完全取決於他們對活動的興趣高低。假如某項活動對孩子具有吸引力，即便是幼童也能長時間專注於他們的任務。

小學階段

然而，從執行能力的觀點來看，當孩子認為某個活動很無聊或困難時，持續性的專注便成為一大挑戰，例如：做家事、寫功課，或是必須長時間坐著，參加婚禮或宗教儀式。這也是為什麼教育團體會建議每個年級的兒童做功課時間的增加幅度不要超過十分鐘（例如：小一生每天晚上十分鐘、小二生每天晚上二十分鐘等）。優秀的帶班導師，也不會期望孩子長時間乖乖坐在自己的位子上寫作業；有經驗的父母，指派給小小孩的家事，不是可以迅速做完，就是可以拆成小部分。

青少年階段

即使是青少年，要他們在九十分鐘的課程保持專注，都不是件容易的事情。等孩子進入高中，他們還會被期望能維持更久的注意力，一個晚上可完成一到三小時回家作業。

專家分析

提升孩子持續專注力的7個訣竅

❶ 陪伴孩子。有人陪伴時，不管是給予鼓勵或提醒他們專心，都可以讓孩子工作得更久。當孩子在做功課時，或許父母可以看書，或是整理自己的文件。

❷ 漸進式提升孩子的注意力。幫孩子計時，看孩子在需要休息之前，能專心於任務多久，把這當做一個評量的基準點。建立這個「參考值」之後，把計時器設定比參考值多兩到三分鐘，讓孩子挑戰看看，能不能持續專注到鈴聲響起為止。

檢視孩子的持續專注力

評分說明

0－做不到或很少做到

1－表現普通（大約25%的時間可以做到）

2－表現相當不錯（大約75%的時間可以做到）

3－表現非常棒（每次或幾乎每次都可以做到）

學齡前／幼稚園階段

____ 能完成五分鐘的家事（可能需要監督）。

____ 在幼稚園的「團體活動時間」能坐得住（十五至二十分鐘）。

____ 一次能聽完一至兩本繪本。

國小低年級階段（一～三年級）

____ 能花二十至三十分鐘寫功課。

____ 能完成需要花十五至二十分鐘的家事。

____ 在一般的用餐期間能坐得住。

國小高年級階段（四～五年級）

____ 能花半小時至一小時寫功課。

____ 能完成需要花半小時至一小時的家事（中間可能需要休息）。

____ 能花一小時至一個半小時參與體育活動、教堂禮拜等。

青少年階段（六～八年級）

____ 能花一小時至一個半小時寫功課（中間可能需要休息一、兩次）。

____ 能不抱怨無聊或惹麻煩，耐著性子幫忙家裡的事情。

____ 最多能完成兩個小時的家事（中間可能需要休息）。

❸ **利用能夠以視覺圖像顯示實際消耗時間的裝置**。這些裝置在Time Timer的時鐘或腕錶系列，以及軟體版的計時器都可以找得到（網址：www.timetimer.com）。

❹ **讓任務變得有趣**。把工作變成一項挑戰、遊戲或競賽。

❺ **利用獎勵機制**。應該要以能發揮影響力、頻繁的和彈性的方式來提供獎勵。比方說，你可以在孩子完成工作的時候發點數，或是當孩子在特定時間範圍內完成工作時發點數。

❻ **只要孩子完成任務，就讓他去做某件期待的事情**。孩子偏好和不甚偏好的活動，要交叉安排。

❼ **若孩子專注於任務，就稱讚他**。不要把焦點放在孩子不專心的時候（一直嘮叨或提醒他繼續做手邊的工作），反而應該在孩子表現專注時給予關注與稱讚。

教養案例17

做功課無法一鼓作氣，容易分心……

孩子的問題

安迪是忙碌的七年級生，也是足球校隊，還和朋友玩低音吉他，想組一個樂團。安迪很想爭取好成績，卻覺得功課枯燥乏味。安迪設定晚餐飯後要開始寫作業，雖然他可能會準時開始，但是卻很容易分心。他習慣掛在網路上，每次朋友看到他上線，就會「順便」聊一下。儘管安迪會繼續寫功課，但他可能也會吃個點心，或去看電視。通常，安迪最後都會完成作業，不過品質良莠不齊，就寢的時間也愈拖愈晚。

另外，安迪會在考試前一天晚上猛讀書，但是不到十分鐘或十五分鐘，就認定自己「很快就

父母、老師和孩子共同討論改善計畫

孩子自我設定目標

可以」吸收這些教材，便開始上網聊天、打電動，或看電視。父母為此感到很沮喪，他們一直在考慮要禁止安迪上網或要他別再玩吉他，不過他們心知肚明，任何做法都會掀起家庭革命。

成績單發下後，父母和輔導老師討論要和安迪一起研擬計畫，他們共同檢討會讓人分心的事物，結果電腦名列前茅，電視第二。輔導老師提醒安迪和父母，建議寫完作業才能用電腦。安迪有些學校功課會用到電腦，建議在晚上七點半之前，狀態都顯示為「離開」，爸媽也同意了。因為安迪已經訂出寫功課的時間，他同意再設定「進度表」，在休息之前完成全部或部分的作業。安迪覺得休息十分鐘是可行的，所以他要在電腦裝上醒目的計時器來留意時間。

為了準備考試，安迪要去找每一科的老師，和老師一起擬出如何準備各科的評量大綱，以及估計的複習時間和用來執行的檢核表。此外，安迪也為下次的成果報告設定了「合理的」成績目標，讓老師和爸媽能評估他的策略。爸媽每週發電子郵件給老師，確認是否有遲交或漏交的作業。安迪同意假如他沒有注意時間，爸媽每個晚上可以「提醒」他兩次。

成功關鍵

持續專注力訓練最好能持續一整年＝兩個學期

- 在孩子一整個學期（最好是連續兩個學期）都保持進步之前，不要進行任何重大的計畫變更。我們經常看到這個計畫在一開始產生效果，造成父母和老師過度自信，認為這樣就可以一勞永逸。然而，假如父母把計畫整個拋在一邊，或是大幅鬆懈，即便只是一點點的退步，孩子仍有可能故態復萌，回到計畫執行前的水準。

父母引導訓練「持續專注力」步驟表

★《執行力訓練父母手札》p356、357收錄空白表格★

步驟一：建立行為目標

期望孩子培養的執行能力：持續專注力

具體的行為目標：安迪要寫完作業及準備考試，達成這學期所設定的成績目標。

步驟二：設計引導方法

需要提供什麼樣的環境支持，來達到期望的目標？

- 限制使用電腦的時間。
- 在電腦上安裝醒目的計時器。
- 制定作業進度表。
- 老師提供學習評量表。
- 爸媽提醒注意時間兩次。
- 老師每週給予意見。

要教孩子什麼具體能力？由誰來教？採取什麼流程來教？

能力：寫作業的持續專注力（降低焦慮）

誰負責教：父母和老師

步驟：

1. 晚上七點半以後，安迪才可以用電腦聊天。
2. 安迪自己擬一個寫功課進度表。
3. 允許自己以計時方式休息十分鐘。
4. 和老師見面制定學習評量表。
5. 爸媽一個晚上可以提醒兩次。
6. 老師每週針對安迪的表現給予意見。

要使用什麼誘因，激勵孩子使用／練習這項能力？

- 老師給正面評價。
- 減少和父母衝突。
- 成績進步。

・父母可以降低監督頻率，但仍要維持一整年的基本關注。當事情似乎進展得很順利時，要持之以恆地給孩子監督或許很難，但是唯有利用一整年的時間來加強，許多孩子才能在持續專注力上，維持長遠的進步。

教養案例18

寫功課拖拖拉拉，寫不完……

艾倫小學二年級的作業似乎從來沒有完成過，這個問題從一年級老師要求學生在課堂上獨自完成作業時就開始了。艾倫的二年級老師巴克女士在上學期末的親師座談會中提出：「課堂上發生的大大小小事情，她似乎都很清楚；當別的學生有疑問時，她也想幫忙，但不知為什麼，她就是沒辦法把自己的作業做好。」

孩子的問題

過了不久，巴克女士要求艾倫把在學校沒完成的工作帶回家寫，艾倫經常因此垂頭喪氣和哭哭啼啼。媽媽每天花很長時間試著陪艾倫把作業寫完，造成母女倆每天為此耗掉很多心力。

媽媽將孩子在家表現提供老師參考

艾倫和媽媽一起去找老師。媽媽說艾倫在家時，如果把工作分成幾個小部分，並幫艾倫設定計時器，她的效率似乎會比較好。老師說艾倫最多可以專注五到十分鐘，也同意她可以把艾倫的工作拆成較短的時間、提醒艾倫設定計時器。只要艾倫完成指定部分工作後就交給老師，老師會稱讚艾倫完成工作很棒，再給她下一階段工作，並提醒她設定計時器。如果艾倫比其他小朋友先完成，且完成度高，艾倫就可以從她列的清單中，選一個她喜歡的活動來做。

老師同意讓孩子分段進行任務，並適時稱讚

假如艾倫的課堂工作沒有完成，她會利用在學校有空的時間把它完成，回到家再繼續寫功課。媽媽和艾倫設計了一套機制，只要艾倫能在課堂上完成工作，就給她一張貼紙。一旦艾倫累積到一定數量的貼紙，艾倫就可以從「特別」活動表當中，選一個她想做的去做。

誘因

成功關鍵

適時獎勵的刺激，能讓孩子更積極掌握時間

- 一定要使用獎勵制度，因為是孩子本身必須做好類似設定計時器的管理工作。
- 確定不需要經常利用學校的自由時間完成工作才算成功。這樣的策略或許很有效，但是如果孩子老是要用到課堂以外的時間，父母應該去找老師，確認這個計畫是否哪裡有問題。

父母引導訓練「持續專注力」步驟表

★《執行力訓練父母手札》p356、357收錄空白表格★

步驟一：建立行為目標
期望孩子培養的執行能力：持續專注力 具體的行為目標：艾倫於特定的時間範圍內，在課堂上完成指定的工作。
步驟二：設計引導方法
需要提供什麼樣的環境支持，來達到期望的目標？ • 把工作拆成比較小的區塊。 • 計時器以及設定提示。 • 工作檢核表。 • 老師給予提醒。
要教孩子什麼具體能力？由誰來教？採取什麼流程來教？ 能力：在課堂上運用持續專注力，提升工作完成率 誰負責教：老師和媽媽 步驟： 1.老師同意將工作拆成比較小的區塊，每個區塊五分鐘。 2.媽媽和艾倫買一個小的計時器在學校用。 3.老師提醒艾倫開始工作時要設定計時器。 4.老師和艾倫逐一為每個科目的工作時間製作檢核表。 5.艾倫一完成工作便把它交給老師，老師給予稱讚，艾倫把該工作項目打勾。 6.老師給艾倫下一個工作項目，並提醒她設定計時器。 7.如果艾倫提早完成，可以從活動清單中挑選偏好的活動來做。 8.課堂上沒有完成的工作，可以利用在學校的自由時間或自習課完成。 9.艾倫若準時完成工作，就可以在家裡得到貼紙；當艾倫累積一定數量的貼紙時，就可以從清單中選一個特別活動來做。
要使用什麼誘因，激勵孩子使用／練習這項能力？ • 老師的稱讚。 • 顯示準時完成工作進展的圖表。 • 提早完成工作，可以挑選偏好的課堂活動。 • 在家裡可贏得貼紙和特別活動。

第15章

學習任務啟動力——讓孩子學會做好分內事，不按喜好挑著做

任務啟動能力（Task Initiation）是在沒有過度延遲的情況下，以有效率或按部就班的方式啟動計畫或活動的能力。成年人要承擔太多的責任，以致每個人似乎都很擅長啟動任務。然而，在我們和成年人合作的經驗中，我們了解對某些人來說，這並不是容易培養出來的技巧。即便是大人，遇到一大堆待辦事項等著自己時，都有傾向把最不喜歡的任務拖到最後再做。這和孩子把作業拖到多打一次電動後才寫（或把最不喜歡的功課留到很晚才做），並沒有多大不同。

生心理發展

要讓孩子自願做不喜歡的事，得從生活常規做起

我們在談論執行能力時，所指的任務啟動能力，並不包括我們想要去做的任務，而是適用那些我們覺得不愉快、厭惡，或沉悶乏味的任務，也就是必須強迫自己去做的事情。

學齡前階段

孩子在學齡前階段，我們並不期待他們會主動展開這類的工作，相反地，我們會提醒他們進行任務，然後在一旁監督他們做（或至少看著他們開始動手）。

身為父母親，我們要讓孩子更獨立地展開任務，首先要努力的，就是把生活常規建立起來，讓孩子習慣每項任務都有固定的啟動時間。教孩子某些工作一定要在每天設定的時間、按照設定的順序完成是第一步。接著，經過一段時間的提醒和提示之後，孩子就會把生活常規內化，並且更可能主動著手任務，或經過一次的提醒就能「立刻展開行動」。

小學階段

雖然要花很長的時間培養，任務啟動能力是孩子在學校與離開學校後必須要擁有的重要技巧。讓孩子做符合其發展階段的家事，是開始指導孩子任務啟動能力的最好方式之一。預先從學齡前或幼稚園開始要求孩子做家事，可以幫助我們教導孩子，有時候他們得把想做的事情放一邊，先去做必須完成的事情，即便它並不有趣。

父母可以利用下一頁的評量表，根據孩子在各個成長階段能夠獨立進行的任務類型，評估孩子可能處於哪一個發展階段。

專家分析

讓孩子自發啟動任務的5個訣竅

❶ 加強提醒孩子開始執行任務。提醒孩子開始進行必須要做的每個任務，若孩子馬上去做就給予稱讚；或者假如孩子在你要求的三分鐘內開始行動，可以利用點數的獎勵制度激勵他。當然，父母必須確定他開始做才離開，也可能要定期查看，確認孩子仍會乖乖地

檢視孩子的任務啓動力

評分說明

0－做不到或很少做到

1－表現普通（大約25%的時間可以做到）

2－表現相當不錯（大約75%的時間可以做到）

3－表現非常棒（每次或幾乎每次都可以做到）

學齡前／幼稚園階段

____ 能馬上按照大人給的指示行動。

____ 當大人引導的時候，能停止玩耍，按照大人的指示去做。

____ 只要提醒一次，就能在設定的時間開始準備就寢。

國小低年級階段（一～三年級）

____ 能記住和進行只有一、兩個簡單步驟的例行工作（例如，吃完早餐後去刷牙和梳頭髮）。

____ 能聽到老師指示後，馬上開始做課堂作業。

____ 只要提醒一次，就能在約定的時間開始寫回家作業。

國小高年級階段（四～五年級）

____ 能執行練習過的三、四個步驟的例行工作。

____ 能連續完成三至四項課堂作業。

____ 能按照擬訂的回家作業進度表按表操課（可能需要提醒）。

青少年階段（六～八年級）

____ 能盡量減少延遲的狀況，擬訂與執行每天晚上的回家作業進度表。

____ 能在約定的時間開始做家事（例如，放學後馬上做）；可能需要書面提醒。

____ 當孩子想到某個承諾要履行的義務時，可以暫時停下眼前有趣的活動。

進行任務。

❷以視覺提示的方式，提醒孩子開始執行任務。你可以寫字條留在顯眼的地方，這樣孩子放學一回到家馬上就能看得到。

❸把艱難的工作分為比較小、比較容易管理的單位。如果某項任務似乎太耗時或太困難，父母可以要求孩子一次只做一部分，或許會讓他更容易開始進行。

❹要求孩子研擬何時或如何完成任務的計畫。這麼做可以讓孩子對整個流程有更多自主權和掌控權，而且能免掉不必要的牢騷或提醒，這能對孩子展開行動的能力帶來極大的影響。

❺讓孩子對工作流程有更大自主權，由孩子決定他想要你用何種方式提醒他開始工作。

教養案例19

老是要媽媽不停地碎碎念甚至發飆，才會動起來……

孩子的問題

七歲的傑克有一個姐姐和一個弟弟，父母都是全職上班族。由於家中有三個孩子，又常常只有媽媽在家，因此父母期望孩子能夠負責適合他們年紀的家事。

傑克的職責是把餐桌清乾淨，以及睡前把客廳的玩具收好。傑克老是要媽媽不停地碎碎念才會動，這還算好的；有時非得等到媽媽發飆，並威脅不讓他用電腦，傑克才會有反應。一旦真的開始動手，其實他對工作相當上手。最近學校座談會，爸媽才知道儘管傑克在課業還不錯，但也是拖拖拉拉。

老師提供督促孩子的方法給父母參考

老師採取告訴傑克「幾點幾分」開始工作的方式，對傑克很有用。

孩子承諾可延遲的時間

爸媽在老師的提醒下，和傑克商量要為他負責的兩件家事：擦桌子和收玩具，設定開始的時間。他可以在有限的範圍內，決定最多可以延遲多久才開始，並且挑一個自己喜歡的計時器。傑克和爸媽說好，整理餐桌和收拾玩具，最多各可延遲五分鐘和十分鐘。一開始是由爸媽把計時器交給傑克，提醒他要開始工作了。後來傑克希望能自己管理，並在約定的時間內開始工作。他們說好，只要連續五天都能準時開始，就可以享有一次「豁免權」，那天可以跳過一項任務。假如傑克沒有兩分鐘之內開始做家事，他就得停止任何正在進行的活動，直到家事做完為止。

獎勵與處罰

起初，計時器開始運轉後，爸媽必須提醒他開始，不過整體來說，傑克在啓動任務方面確實有進步。大約過了一個月，傑克不再仰賴計時器就可以把餐桌整理乾淨。後來，他們仍把計時器用來提醒收玩具，不過傑克爸媽注意到，他通常在距離就寢時間只剩十五分鐘，才會開始收拾。

成功關鍵

確實做到訓練機制，並持之以恆，才能讓孩子養成習慣

- 在初期的「習慣養成」期，必須努力不懈地持之以恆。當父母的指導行不通時，通常是因為前幾星期沒有確實按照這套機制運作。
- 如果孩子有一個月或更久的期間，停止主動去做指定的家事或其他任務時，不要遲疑，應把提醒機制和計時器重新拿出來運用幾個星期。有時候，孩子是需要復習的。
- 如果父母覺得有必要持續給孩子提醒或叮嚀，可以採取禁止孩子使用電腦或其他權限，當作孩子未能達成目標的後果。

父母引導訓練「任務啓動力」步驟表

★《執行力訓練父母手札》p356、357收錄空白表格★

步驟一：建立行為目標

期望孩子培養的執行能力：任務啟動力

具體的行為目標：只要提醒一次，傑克就能在說好的延遲範圍內，開始進行兩件家事。

步驟二：設計引導方法

需要提供什麼樣的環境支持，來達到期望的目標？

- 傑克需要一只計時器，提醒他什麼時候開始。
- 父母提醒傑克設定計時器。

要教孩子什麼具體能力？由誰來教？採取什麼流程來教？

能力：動手做家事的任務啟動力

誰負責教：父母

步驟：

1. 爸媽和傑克選擇要練習這項技巧的家事。
2. 傑克選擇開始做家事的時間。
3. 由傑克挑選、爸媽買單購買一只提醒時間開始的計時器。
4. 每次開始做家事之前，爸媽把計時器交給傑克，提醒他設定時間。
5. 傑克得注意時間，當計時器響起的時候，就開始執行任務。
6. 若傑克沒在計時器響起的兩分鐘內開始動作，就要暫停任何活動，直到家事完成。

要使用什麼誘因，激勵孩子使用／練習這項能力？

- 父母不再碎碎念。
- 只要傑克連續五天都能準時啟動任務，就可以贏得一次「工作豁免權」。

第16章

磨練優先順序規畫力——讓孩子學會計畫未來，從思考流程找到最佳解決方案

優先順序規畫力（Planning / Prioritization）的執行能力，指的是建立路線圖（Roadmap）來達成目標或完成任務的能力，以及決定重點的能力。成年人每天都把這項技巧，應用在準備餐點、啟動工作新計畫，或是準備為家裡增添新成員這種比較長遠的任務上。如果你無法找出優先順位，並集中心力去做事，或是無法擬訂時間表以完成步驟繁複的計畫，那麼你可能就是別人眼中「活在當下」的那種人。

生心理發展

讓孩子熟悉計畫全貌，先從完成小任務累積，慢慢學會規畫力

幼童階段

當孩子很小的時候，我們自然會為他們承擔計畫的責任。我們把一個任務拆解成一系列的步驟，並提醒孩子一一去執行，例如整理房間、協助孩子整理度假行李，或是準備夏令營的東西。聰明的父母會讓孩子看看書面的計畫流程，動手擬一份清單或檢核表，讓孩子有所遵循。雖然這些表單事實上是給我們看的，但是當孩子看到我們列清單來組織工作任務時，我們就是在為孩子示範一套理想的行為模式。幸運的話，孩子就會把它學起來。此外，書面清單讓孩子有機會可以

看到整個計畫的實際長相，也會加強孩子了解計畫的意義。

小學中、高年級階段

計畫能力在兒童發展階段的晚期更加重要，在學校最為明顯，因為大約從四年級或五年級開始，小朋友就要參與各種計畫，或是接受步驟繁複的長期任務。當學校老師介紹長期計畫時，通常會把一項任務或計畫拆成比較小的任務，並協助學生安排時間表。老師們都很清楚，計畫並非兒童與生俱來的能力，如果任由他們自己來，很多孩子都會等到最後一刻才動手。在計畫中加上截止日期，會逼著學生按照先後順序分批完成計畫，這便是計畫的用意所在。

國、高中階段

等孩子上了七年級，老師經常會要求他們獨立執行規畫能力。進入高中之後，學生被賦予的期望，就不只是學校作業，還包括如尋找暑期打工機會、趕上學測截止日和申請大學入學這類需要規畫的工作。

這項執行能力的第二項要素──排定優先順序的能力，也是遵循著類似的模式。在兒童發展階段的初期，是由我們（和孩子的老師）決定事情的輕重緩急，並提醒孩子優先處理第一順位的任務。但是除了多數成年人都認同應該優先的事情之外（例如，先做功課，再坐下來看電視），父母願意給孩子多少彈性，讓他們自行決定如何區分時間運用的優先次序，經常取決於父母的個人價值，而非以傳授孩子判斷優先順位技巧為考量。

在這個高度競爭的世界，到處可見被舞蹈課、音樂課、體育課、美術課填滿的孩子，因為父母（有時是孩子本身）相信成為有才華是成功人士的重要特質。另一方面，我們也看到秉持「孩子，就該像個孩子」信念的父母，他們完全不鼓勵孩子去安排時間表，有時這是對四周充斥著「行程滿檔」孩子一種形式上的反彈。

然而，如果太早放任孩子在生活上自由安排作息，最後小孩可能會把時間浪費在看電視或打電動。每個家庭都有權利灌輸他們對孩子成就的希望與夢想。不過，由於強化孩子執行能力的整體目標，是要教給孩子獨立所需的能力，因此在孩子初期成長的階段，我們發現，當你積極地協助孩子決定事情孰先孰後，並隨著孩子的成長逐漸將這個責任轉移到孩子身上，這樣的效果似乎是最好的。

專家分析

提升優先順序規畫力的4個方法

❶ 幫幼小的孩子訂計畫。用「我們來計畫一下吧！」這樣的表達方式，然後寫下一系列的步驟。列成清單更好，這樣孩子每完成一個步驟，就可以把它打勾。

❷ 假如你已示範了一段時間，盡可能讓孩子參與規畫的過程。父母可問問孩子：「你要先做什麼？完成之後接著要做什麼呢？」當孩子用口頭跟你描述的時候，父母就把每個步驟寫下來。

❸ 利用孩子想要的事物，當作指導規畫技巧的出發點。比起計畫如何整理衣櫃，孩子可能

檢視孩子的規畫力

評分說明

0－做不到或很少做到

1－表現普通（大約25%的時間可以做到）

2－表現相當不錯（大約75%的時間可以做到）

3－表現非常棒（每次或幾乎每次都可以做到）

學齡前／幼稚園階段

____ 能先完成一項任務或活動，再投入其他的工作。

____ 能遵守簡單的常規或別人安排的計畫。

____ 能完成超過一個步驟的簡單勞作。

國小低年級階段（一～三年級）

____ 孩子能執行自己設計的兩、三個步驟的計畫（如美術與工藝）。

____ 能想出如何賺錢／存錢來買一個價格不貴的玩具。

____ 能在旁人的協助之下，執行兩、三個步驟的回家作業（如讀書心得報告）。

國小高年級階段（四～五年級）

____ 能和朋友一起計畫去做某件特別的事（如看電影）。

____ 能想出如何賺錢／存錢來買比較昂貴的東西（如電動玩具）。

____ 能在旁人（老師或父母）協助規畫大部分的步驟之下，執行學校的長期計畫。

青少年階段（六～八年級）

____ 能透過網路進行學校作業的研究，或學習某件有興趣的主題。

____ 能規畫課外活動或暑假活動。

____ 能在大人少許的協助下，執行學校的長期計畫更樂意想一個蓋樹屋的計畫，但是情況也可能正好相反，同樣的原則兩種情況都適用。

4 藉由詢問孩子必須先完成什麼事，來提示他們安排任務的優先順序。 比方說，父母可以問：「你今天要做什麼最重要的事？」父母也可以在孩子完成優先要做的事情之前，先暫停他喜好的活動，來迫使孩子做出決定。

教養案例20

好學生遇到長期作業，陷入不知所措的狀況……

十三歲的麥斯升上五年級，一直是個好學生，從來沒有寫功課的問題。自從老師指派長期作業那天，到作業繳交期限截止的期間，麥斯整個人陷入驚慌。每次媽媽一問起目前進度，麥斯的情緒一定會爆發。一段時間後，麥斯絕口不再跟媽媽講作業的事，若不是她收到麥斯的成績單，老師通知麥斯還沒交作業，媽媽對麥斯的狀況完全一無所知。媽媽注意到當老師把作業分成一個個具體的任務，並要求學生在指定的日期完成，麥斯的表現會比較好。另外，媽媽也發現，麥斯好像每項功課都有做，就是在長期計畫上毫無進展。

孩子情緒爆發
反應了不知所措

最後，媽媽判斷造成麥斯心理障礙的阻力，是他根本不知道如何安排長期計畫。她也覺得若這個計畫太過複雜，也可能是阻力之一。媽媽取得麥斯同意讓她幫忙，並且保證如果規畫得好，他就不會覺得長期計畫這麼棘手了。媽媽拿出一份工作時程表當作參考，兩人為了三個星期後要交的社會研討專題，一起確認必須執行的步驟。他們每確定一個步驟，媽媽就要求麥斯用一到十分的評量表來估計難度。兩人協議目標是要讓麥斯覺得每個任務的難度都在三分以下。

媽媽找範本和孩子
一起討論解決辦法

誘因

為了讓整個計畫變得實行度更高，媽媽也決定要建立獎勵制度。每次麥斯在設定日期完成一個步驟，會得到三點；若在期限之前完成，就可以得到五點。麥斯想要買一臺新的電動已經有一段時間了。麥斯和媽媽說好每個點數值多少錢，這樣他就可以增加自己的儲蓄，快一點買到電動。媽媽看到每次一起安排計畫時，麥斯愈來愈能夠自己規畫，她為此感到很欣慰。

成功關鍵

父母若都不善於規畫，須尋求老師協助

- 要讓指導規畫成功，父母需要有協助孩子做規畫的技巧，並負責監督與確定計畫的可行性，以及孩子按照約定的工作時程去做。倘若父母和孩子都不善於規畫，這可能會使指導計畫變得不確定。如果父母覺得自己缺乏指導孩子的技巧，或是缺乏把計畫拆成小任務的能力，不要猶豫是否尋求老師的幫忙。有時，老師會認為他們所提供的計畫方向或大綱已經足夠，若是如此，父母可以再次向老師強調，孩子這方面的技巧很弱，而且從過去的表現，看得出孩子的確需要更具體和短期的任務，並接受定期的監督和建議。

父母引導訓練「規畫力」步驟表

★《執行力訓練父母手札》p356、357收錄空白表格★

步驟一：建立行為目標

期望孩子培養的執行能力：規畫力

具體的行為目標：學習規畫與執行學校的長期任務

步驟二：設計引導方法

需要提供什麼樣的環境支持，來達到期望的目標？

- 媽媽協助訂計畫，並監督麥斯執行（提醒、指導）。

要教孩子什麼具體能力？由誰來教？採取什麼流程來教？

能力：擬訂具體的工作時程表，把長期計畫分成一個個比較小的任務

誰負責教：媽媽

步驟：

1.列出完成計畫必須採取的步驟清單。

2.評估每個步驟的難度（利用一到十分的評量表來給分）。

3.修正麥斯判斷難度指數高於三分的步驟，讓它變得更簡單。

4.決定每個步驟的完成日期。

5.提醒麥斯完成每個步驟。

要使用什麼誘因，激勵孩子使用／練習這項能力？

- 準時完成每個步驟就給點數（提早完成會另外給獎勵點數）。
- 點數可轉換成零用錢，幫麥斯買到他想要的電動玩具。

教養案例21

臨時決定找朋友來家裡玩，結果不是朋友有事，就是媽媽有事……

孩子的臨時起意造成媽媽和朋友的困擾

艾莉絲是一個活潑、愛交朋友的七歲女生。艾莉絲常常會在星期六或星期日一早起床，突然決定要找朋友到家裡玩，但朋友通常不是在忙，就是媽媽有事無法接送她到朋友家。因此，艾莉絲的心情就會很差，在家裡晃來晃去，抱怨不知道要做什麼。等她星期一到學校，聽到班上朋友都在聊和別人去做了什麼，便覺得自己被忽略了。媽媽不斷告訴艾莉絲要提早規畫，艾莉絲也認同媽媽的話，但是通常就是記不住。

媽媽協助孩子演練實際流程

媽媽建議艾莉絲一起想出解決辦法。媽媽提出一連串問題協助艾莉絲執行規畫流程：「假定妳想邀小潔來家裡玩，要先做什麼事？」艾莉絲回答：「在學校的時候，我會先問小潔要不要來。」「在問之前，妳需要得到同意嗎？」艾莉絲說：「需要，我必須先問過妳。」「假如小潔說好，接下來呢？」「她就來了啊！」「她需要得到同意嗎？」「對喔！我忘記她要先問過她媽媽。」「那假如她媽媽同意的話，接下來妳要決定什麼事？」母女倆就持續像這樣的對話，直到她們討論出計畫流程為止。在媽媽的協助之下，艾莉絲自己列了一份執行清單。

媽媽在來得及的時間點提醒孩子思考

起初，媽媽必須在每個禮拜剛開始時，提醒艾莉絲去思考週末的計畫，這代表艾莉絲必須同時考慮媽媽的時間和朋友有什麼活動。經過練習之後，艾莉絲已經有能力規畫社交活動，甚至變成朋友眼中「社交導演」型的人物。

成功關鍵

根據孩子的能力高低給予適當協助

- 進行這類計畫之前，先評估孩子在任務啟動和執行能力方面，是否具有相當好的技巧。如果計畫失敗，父母必須給孩子更多的提醒和指導，來幫助他進入狀況。此外，父母也可以參考第十四、十五章，看看是否想嘗試其他想法，來提升孩子的任務啟動力和持續專注力。
- 確認並不是因為孩子想交的朋友不合適，才造成孩子在安排遊玩日的過程中出現問題。在這個例子中，可能有些孩子比其他孩子更適合和你的孩子當朋友。去找老師聊一聊，父母就能了然於心。你可以請教老師，他認為哪些同學適合和孩子交朋友，哪些可能比較不那麼適合。
- 要同時提高孩子的社交機會和加強規畫能力，還有一個做法是去找找週末有哪些定期、週期性的活動可以參加。運動、戲劇、舞蹈和類似的課程，都可預先排定和採取有系統的方式提供社交機會，它可以在無形之中傳授孩子規畫技巧，同時也可以確定孩子能預先掌握和學校同伴一起玩的時間。

父母引導訓練「規畫力」步驟表

★《執行力訓練父母手札》p356、357收錄空白表格★

步驟一：建立行為目標

期望孩子培養的執行能力：規畫力

具體的行為目標：艾莉絲預先在週末來臨前幾天，詳細規畫課外活動的執行步驟。

步驟二：設計引導方法

需要提供什麼樣的環境支持，來達到期望的目標？

- 父母為活動規畫的步驟提出問題／建議。
- 完成執行清單的所有步驟。
- 媽媽提醒艾莉絲開始進行規畫流程。

要教孩子什麼具體能力？由誰來教？採取什麼流程來教？

能力：出遊日的規畫能力

誰負責教：媽媽

步驟：

1.媽媽和艾莉絲討論安排朋友來家裡玩時要考慮的步驟。

2.根據討論出來的步驟，媽媽協助艾莉絲建立執行步驟的書面清單。

3.媽媽提醒艾莉絲在週末前開始執行規畫的步驟。

要使用什麼誘因，激勵孩子使用／練習這項能力？

- 艾莉絲可以自己管理社交活動時間表，並邀請朋友來家裡玩。

第17章

培養組織力——讓孩子學會分類、收納、有效率地做事

組織力（Organization），指的是建立和維持一套機制，以進行分類或收納重要物品的能力。對成年人來說，組織力的好處是相當明顯的。一套妥善收納物品的機制、井然有序的家或工作環境，可以減少花很多時間翻找東西，讓你能好整以暇地著手準備做事。

掌握了組織管理技巧，能使效率大幅提升。當環境有某種規律的秩序感和整齊度時，我們較容易覺得自在。遺憾的是，以我們的經驗來說，通常組織管理技巧很弱的成年人認為要提升這項能力是相當大的挑戰。因此父母及早就要開始協助孩子培養組織管理技巧。

生心理發展

從小建立規則，培養分類與收納習慣，奠定組織力基礎

兒童階段

父母應該很熟悉這樣的模式：剛開始，父母提供孩子一套組織管理機制，讓他們保持房間和遊戲區的整潔。此外，我們也監督孩子保持乾淨。這表示我們既不幫孩子打掃房間，也不期望他們自己整理房間，而是由父母為孩子劃分任務，然後和孩子一起動手整理。父母也建立起一些規則，例如：「不要在房間吃東西」和「一回家，馬上把外套掛好」。但是父母並不期望孩子在一

開始，便記得每天依照規則去做，父母要假定孩子都是需要提醒的。若孩子罕見地不用提醒就記得按照規則，應該大大稱讚他一番。

慢慢地，我們可以往後退一步，從亦步亦趨改成只有一開始提醒，最後再回來檢查，確認孩子都有按部就班去執行即可。

青少年階段

等大約到了國、高中階段，孩子就能自己負責規畫組織管理。這樣並不代表孩子不需要父母偶爾提醒，而且審慎明智地運用這項備而不用的特權，是很有益處的。如果要評估孩子的組織管理技巧，父母可以填寫下面的問卷，它是以第二章的簡單評估為基礎，可協助你進一步觀察以孩子的年紀來說，在組織管理方面的表現。

專家分析

培養孩子組織力的4個關鍵

要幫助孩子變得更具有組織能力，有四個關鍵：

❶ 準備一套管理機制。

❷ 監督孩子運用這套機制，可能要每天持之以恆。對大人來說，這是一件勞心勞力的工作，而且很多組織管理有問題的孩子，爸媽也有這方面的困擾；因此，我們一般建議從孩子很小的時候就要開始做。先找出哪方面的組織能力最重要，一次專心培養一項。以

檢視孩子的組織力

評分說明

0－做不到或很少做到

1－表現普通（大約25%的時間可以做到）

2－表現相當不錯（大約75%的時間可以做到）

3－表現非常棒（每次或幾乎每次都可以做到）

學齡前／幼稚園階段

____ 把外套掛在適當的位置（可能需要提醒）。

____ 把玩具收在妥善的地點（在大人的提醒下）。

____ 吃完飯會收拾餐具。

國小低年級階段（一～三年級）

____ 把外套、冬天衣物、運動器材放在適當的位置（可能需要提醒）。

____ 房間有特定位置可擺放個人用品。

____ 不會搞丟從學校帶回的家長同意書或通知單。

國小高年級階段（四～五年級）

____ 能把個人用品收在房間的適當位置或家裡其他地方。

____ 玩具不玩了或放學後會記得帶回家。

____ 知道放回家功課和老師指派作業的位置。

青少年階段（六～八年級）

____ 能按照要求存放學校的筆記本。

____ 不會弄丟運動器材／個人電子用品。

____ 把家裡書房保持得相當乾淨。

實際情況來說，與學校作業相關列為最高優先，例如，把筆記或書包收好，或是維持讀書環境的乾淨。而相對比較不重要的，可能是維持衣櫃或抽屜的整齊。

❸ **盡可能讓孩子參與，仔細設計整個組織管理計畫。**如果父母和小孩決定保持書桌整齊是第一要務，或許父母可以從帶小孩去文具店開始，買些像是筆筒、工具籃、檔案櫃和檔案夾這類的東西。一旦父母和小孩按照期望布置好書桌之後，把整理書桌列為就寢前例行工作的一部分。一開始，父母必須在現場觀察和監督，到最後只要提醒小孩開始，等完成再檢查即可。父母可能會發現把剛整理好的書桌拍張照片會很有用，這樣孩子就可以把自己的成果和範本對照。整個步驟的最後一步，是讓小孩檢視照片，看看他們的書桌和範本相比，接近的程度高不高。

❹ **父母要適時調整對孩子的期望值或標準。**我們要提醒組織管理能力特別強的父母：假如在你眼中，孩子是一個「十足的迷糊蛋」，你可能要調整期望值或是「夠整齊」的定義。我們發現許多缺乏組織力的孩子，對於周遭的凌亂是渾然不覺的。他們之所以從來無法達到父母的標準，有一部分是因為他們就是沒有察覺對爸媽明顯造成痛苦的紊亂。把可接受的整齊程度拍成照片，是不錯的管理辦法，不過在拍照片之前，先和孩子就可接受的整齊標準達成協議。

如果父母想要獲得更詳盡的指引，幫助孩子學會組織能力，我們建議你去讀唐娜・郭德堡的《教出組織力》（The Organized Student ,by Donna Goldberg）。

教養案例22

作業、個人用品經常遺失……

孩子的問題行為對自己也造成困擾

迪凡是一個聰明的十四歲國中生，他一直有收納方面的困擾，並且有亂丟或弄丟東西的習慣。直到最近，迪凡的父母和師長才開始採取行動，讓他承受東西沒有收好的後果。雖然偶爾會看到一點進步，但這並不能根除問題。迪凡的成績一落千丈，教練對他不滿，而且他損失了幾樣自己很寶貝的東西。迪凡變得愈來愈灰心，愈來愈無力。

確認需要重點處理的方向

他們決定從兩個方向下手：一是迪凡的回家作業，因為它會影響學業成績；二是迪凡的房間，因為迪凡需要一個固定的空間來維持收納習慣。

回家作業部分採用相當簡單的機制，爸媽交給老師一份檢查表，然後請老師在表單上簽名，早上確認迪凡有把作業帶來，下午檢查是否記下要帶回家的作業和課本。

科目	繳交作業	記錄回家作業	將作業放進書包
國語			
數學			
社會			
自然			
英語			

試著讓孩子自己規畫調整方案

整理房間就比較複雜了。迪凡和爸媽一致認同，與其採納爸媽的建議或方案，如果迪凡能想出自己的計畫、碰到困難時再尋求他們協助是最好的。

先從調整環境開始

迪凡首先盤點自己的房間，決定每件物品的類型（上衣、褲子、體育用品等）。接著，他們檢查可用來收納不同物品類型的儲藏空間、需要什麼工具來收東西，並採買各種輔助用品。

雖然迪凡同意幫收納箱貼上標籤的好處，但是他並不希望朋友來時看到，因此他們協調利用魔鬼粘來製作可反覆黏貼的標籤。

迪凡把目前用不到、又捨不得丟掉的東西放到收納箱裡，爸媽也幫忙規畫房間的收納空間，並製作一份檢查清單，讓迪凡可以按照清單依序收拾房間，並拍攝示範照片，做為參考指標。

孩子主動設想自我提醒機制

迪凡了解在房間變亂前就動手整理是很重要的。起初爸媽說好要負責提醒，但是後來迪凡想到在電腦裝上提醒小工具，每天至少提醒他整理一次。然而，真正成功的關鍵是爸媽每隔幾天就檢查一次。如果有需要收拾的地方，要求迪凡在上網和朋友聊天前，就要把它整理完畢。

一如預期，幾個月下來，雖然迪凡無法維持原本規畫的收納標準，不過他的房間比起之前整齊多了，而且爸媽也可以減少提醒的次數。此外，回家作業方面也有大幅進步，但是大家都同意老師下午時段的檢查和爸媽在家的檢查，必須持續執行才行。

父母引導訓練「組織力」步驟表

★《執行力訓練父母手札》p356、357收錄空白表格★

步驟一：建立行為目標

期望孩子培養的執行能力：組織力

具體的行為目標：迪凡必須把老師發的功課、要用的教材和要交的作業收好，並按照物品類型整理房間。

步驟二：設計引導方法

需要提供什麼樣的環境支持，來達到期望的目標？

- 放回家作業的文件夾。
- 作業和教材檢查表。
- 父母和老師從旁監督。
- 理想房間的照片。
- 貼上標籤的收納箱。
- 整理房間順序的檢查清單。
- 父母從旁提醒，並在電腦安裝上提示小工具。

要教孩子什麼具體能力？由誰來教？採取什麼流程來教？

能力：組織管理力

誰負責教：父母

步驟：

1. 老師和父母檢查孩子有記下要帶回家的指定作業、課本，當天的作業有放進文件夾。
2. 把房間的東西分門別類。
3. 規畫和標示收納空間。
4. 建立用來整理房間的檢查清單。
5. 父母負責監督／提醒，在電腦安裝提示小工具。

要使用什麼誘因，激勵孩子使用／練習這項能力？

- 準時完成作業，成績突飛猛進。
- 把個人用品保管妥當，隨時可以拿得到。

成功關鍵

一次只挑一個問題，集中火力訓練！

• 想要提高成功機率，開始時先從一項任務開始就好。要同時處理這些問題，不管對孩子、對你或學校老師，都是勞心勞力的工作。因此父母可以考慮先從挑一個問題著手，如回家作業的收納管理或收拾房間。把機制建立起來，讓它順利運作一、兩個月之後，再進行下一個任務。

第18章

灌輸時間管理力——讓孩子學會預估、分配，做時間的主人

時間管理（Time Management）指的是估計一個人有多少時間、如何分配時間，以及如何在時間限制內完成任務的能力。

哪些人很善於管理時間？哪些人沒有時間觀念？你大概心裡都有數。具有這項優點、能準時達成任務的成年人，有能力評估做某件事要花多少時間，並根據可用的時間調節工作步調（有必要時就會加快速度）。他們並不傾向於過度勉強自己，部分原因是因為他們對自己能力範圍的認知符合實際。至於不善時間管理的成年人，則有跟上進度的困擾、習慣性地遲到，並經常誤判某件事要費時多久。

生心理發展

孩子學會看時鐘後，就能慢慢將管理時間責任交給他

幼兒階段

年幼的孩子沒有管理時間的能力，所以需要我們幫忙。例如提醒孩子準備上學，給孩子我們認為足夠的時間完成工作。孩子做事的步調不盡相同，得依個別狀況調整計畫和提醒模式。

小學階段

以循序漸進的方式，把管理時間的責任交給孩子。一旦孩子學會看時鐘（小學二年級左右），父母就可以隨著孩子成長改變，提醒他們注意時間。假如當天已有預定的活動，如練球或想看的電視節目，父母要協助孩子為這些活動規畫時間。當父母堅持孩子練球或看電視之前，一定要先做完功課或家事，就是在幫助孩子學習安排時間。

青少年階段

有時，孩子到了國中會開始遇到阻礙，因為這個階段需要更多時間完成更多任務。當孩子想打電動、上網聊天、瀏覽網站、聆聽音樂、用手機和朋友聊天、看電視節目，還有什麼時間可以寫作業呢？遇到這種情況，父母必須出手干預，幫助他們更有效率地管理時間。到了高中，孩子會更擅長取捨輕重與權衡責任，並且更有效率地規畫時間。如果你的孩子還沒有發展到這個程度，可能會導致親子之間摩擦增加，因為孩子正處於排斥父母管教和指導的階段。

專家分析

逐漸灌輸孩子時間管理的5個方法

❶ 不需好高騖遠，只要讓孩子習慣家裡每天的作息時間即可。當孩子每天都在相同的時間起床和睡覺，用餐時間也相當固定時，他們長大就會變成具有時間觀念的人，能夠有條不紊地從一個活動進展到另一個活動，也能讓他們更容易在既定的活動之間安排時間。

檢視孩子的時間管理力

評分說明

0－做不到或很少做到

1－表現普普通通（大約25%的時間可以做到）

2－表現得相當不錯（大約75%的時間可以做到）

3－表現得非常棒（每次或幾乎每次都可以做到）

學齡前／幼稚園階段

____ 能不拖拖拉拉地完成每天的例行工作（需要一些提示／提醒）。

____ 大人說明原因之後，能加快腳步並更迅速地完成某件事。

____ 能在時間限制內完成一件小小的家事（例如，打開電視前，把玩具收好）。

國小低年級階段（一～三年級）

____ 能在大人設定的時間限制內，完成一個簡單的任務。

____ 能安排適當的時間，在截止期限前完成一件家事（可能需要協助）。

____ 能在時間限制內完成早上的例行工作（可能需要練習）。

國小高年級階段（四～五年級）

____ 不需旁人協助，能在合理的時間限制內，完成每天的例行工作。

____ 能調整寫功課的時間表，以排入其他活動（假如傍晚有童軍聚會，就早點開始寫作業）。

____ 能提早著手長期計畫，以降低任何時間上的衝突（可能需要協助）。

青少年階段（六～八年級）

____ 通常能在就寢前完成回家功課。

____ 當時間有限時，能判斷做事優先順序（放學後先回家完成計畫，而不是跟朋友玩）。

____ 能把長期計畫分成好幾天完成。

❷ **和孩子聊聊要花多少時間做某件事。**例如：做家事、整理房間、完成指定的回家作業。這是孩子發展評估時間技巧的第一步，也是時間管理的一項關鍵要素。

❸ **安排需要進行好幾個流程的週末或假日活動。**父母陪著孩子規畫時，同時也在鍛鍊自己的時間管理技巧，因為規畫的過程中，需要建立完成任務的工作時程表。和孩子聊聊「當天的計畫」以及討論要花多少時間完成活動，孩子等於在學習時間觀念，以及時間與任務的關係。例如找朋友玩，可以要求孩子估計看看，吃午餐、到公園或海邊玩、回家的路上去吃冰淇淋，諸如此類的活動應該會花多少時間。假如孩子體認到，那是因為他和朋友事先把時間安排好，他們才可能在一天之內完成所有想做的活動，那麼學到的經驗就會變得特別有意義。

❹ **要以身作則地善用行事曆和時間表，並鼓勵孩子照著作。**有些家庭會把大型的行事曆貼在布告欄的正中央，這樣可以製造讓孩子一眼就能看到時間的效果。

❺ **購買一個機械式鬧鐘，它能以圖像方式顯示孩子還剩多少時間可以工作。**

教養案例23

總是很難準時出門……

七歲的嘉瑞是老么，他渴望能和哥哥們平起平坐。嘉瑞看得懂一刻鐘，也能掌握最愛節目的播出時間。可是他經常忘了時間，也沒有什麼時間觀念，所以狀況層出不窮：在家裡，即使是要去參加他喜歡的活動，他的動作還是慢吞吞的；如果不是嘉瑞

確認孩子的問題範圍

想去的地方（例如看醫生），情況更糟。爸媽或哥哥都會提醒他，雖然有效果，但家人卻愈來愈厭煩。嘉瑞的學業正常，但通常是最後一個做完事情的人。老師注意到，當他必須先完成一項任務才能做喜歡的事（例如下課）時，嘉瑞會比較有效率。

老師提供有效率的狀況參考

準時出門一直是他們頭痛的問題，因此他們決定從這件事著手。為了善用嘉瑞想成為「大男孩」和獨立自主的渴望，爸媽和嘉瑞談到想列出一份早上起床後的工作時間表。爸媽告訴嘉瑞，如果他可以準時完成工作，就不會被碎碎念了，但效果不好，直到爸媽說，他可以靠這套計畫贏得獎品。

找到孩子真正的渴望，才能讓孩子認真配合

嘉瑞開心地安排圖文組成的時間表，他把每個場景都「演」一遍（起床、吃早餐、刷牙等）。嘉瑞和爸媽利用魔鬼氈做了個黏貼帶，這樣就可改變圖片的次序，也可彈性移除。嘉瑞每完成一個工作，就取下圖片放到下方「已完成」的袋子。爸媽不幫嘉瑞設定什麼時候開始，他們說好頭兩天早上會幫嘉瑞計時，然後看結果決定嘉瑞需要多少時間完成任務。爸媽做了一個獎勵箱，裡面放了便宜的小玩具和小糖果，若嘉瑞按時完成任務，可以從裡面挑選獎品。為了提高成功機率，爸媽約定好前兩星期每次執行工作時，他們會以兩次檢查做為提醒。爸媽也堅持如果嘉瑞因為早上拖延，導致遲到時，要利用下課休息或放學後的時間來補寫作業。

孩子和爸媽製作圖文時間表

誘因

運用這套機制，嘉瑞早上起床後變得更有效率和獨立。在其他「準備出門」的時段，爸媽則採用迷你版的計畫，用一、兩張圖、計時器和可贏得的點數，來鼓勵嘉瑞做好時間管理。

父母引導訓練「時間管理力」步驟表

★《執行力訓練父母手札》p356、357收錄空白表格★

步驟一：建立行為目標
期望孩子培養的執行能力：時間管理力 具體的行為目標：嘉瑞在特定時間內，完成早上起床後的例行任務。
步驟二：設計引導方法
需要提供什麼樣的環境支持，來達到期望的目標？ • 附圖片／可移除圖片的時間表。 • 計時器。 • 嘉瑞在按照時間表執行工作期間，爸媽要提醒兩次。 • 老師支持這項計畫，同意嘉瑞有時上學可能會遲到。
要教孩子什麼具體能力？由誰來教？採取什麼流程來教？ 能力：時間管理力 誰負責教：父母／老師 步驟： 1.嘉瑞和爸媽一起製作一份圖像式的時間表。 2.嘉瑞依照自己偏好，安排活動執行的順序。 3.爸媽早上設定計時器。 4.嘉瑞執行工作時，爸媽要檢查兩次。 5.每完成一個活動，嘉瑞就移除那張圖片。 6.如果嘉瑞在約定的時間內完成時間表的工作，就可以從獎勵箱挑選獎品。 7.如果嘉瑞上學遲到，要利用休息時間補上漏掉的作業。
要使用什麼誘因，激勵孩子使用／練習這項能力？ • 如果嘉瑞準時完成任務，就可以從獎勵箱挑選一個便宜的小東西當作獎勵。

成功關鍵

記錄提醒次數，確實掌握訓練的進展

‧保持提醒孩子的大致頻率，並注意多久提醒一次效果最好。提醒兩次或許不夠，父母可能需要給孩子更多的提醒，讓孩子習慣在指定的時間內，完成任務。雖然記錄提醒的次數可能有點麻煩，不過它可以讓父母了解孩子的進展，並明白何時可以不再支援孩子。

教養案例24

總是拖到最後一刻才開始動工……

確認孩子問題的癥結點

爸媽提出建議與前提

八年級生納森個性沉穩，和每次準備考試就驚慌失措的妹妹，反差極大。但自從上國中後，爸媽愈來愈擔心納森總是拖到近睡覺時間才寫功課，這表示他草草了事，或可能根本沒寫完。參與長期計畫時，問題更嚴重，因為納森經常等到截止日前一天才動工。一段時間之後，媽媽察覺問題可能出在納森不清楚需要花多少時間做事情。一份他認為半小時可以寫完的報告，實際上可能需要兩小時；他以為兩小時就能整合完成的專案計畫，可能需要五、六小時。

納森爸媽想讓納森了解，他在估計時間方面的能力很差。經過多次爭執後，爸媽建議納森每天放學回家，先列出回家作業清單，並估計每項作業要花多少時間，再根據預估，決定幾點開始做功課，前提是九點以前一定要完成。假如比預定時間超過二十分鐘，隔天他就要在四點半一回到家便開始做功課。如果他的估計正確，隔天他就可以決定要幾點開始做功課。

納森同意這個計畫，因為他認為那將有機會證明爸媽是錯的，他甚至還花了一個小時，用電腦開心地做了一份表格。納森告訴媽媽，只要他把回家功課計畫擬好，就會用電子郵件把表格寄給她。母子倆說好，媽媽會負責確認計畫，並且在納森說會寫完作業的時間來檢查。

剛開始的兩個星期，媽媽必須提醒納森去擬計畫表和寄電子郵件。納森很快就明白他並不像自己以為的那麼善於估計時間。但是，因為他不喜歡放學回家就開始寫作業，因此他逐漸改善評估寫作業時間的技巧。有幾次，爸媽發現納森的作業很敷衍了事，顯然是為了準時交差。於是爸媽警告納森倘若用馬虎的態度寫作業，就要接受懲罰。納森必須修正自己的行為，至少要修正到爸媽決定不必動用懲罰的程度才行。

衍生出第二個問題

成功關鍵

確實的監督與確認孩子的任務品質同樣重要！

- 初期給予孩子指導時，緊迫盯人是相當重要的，因為大部分的孩子會發現，某部分的計畫需要耗很多工夫，因此會選擇性地遺忘或避開它們。
- 請老師特別確認孩子完成的作業數量和品質。這套訓練計畫的設計，仰賴對孩子精確的評估報告。以我們的經驗來說，要避免計畫失敗最有效的做法，就是請老師提供意見。

父母引導訓練「時間管理力」步驟表

★《執行力訓練父母手札》p356、357收錄空白表格★

步驟一：建立行為目標

期望孩子培養的執行能力：時間管理力

具體的行為目標：納森學會正確估計在特定時間前寫完功課所需的時間。

步驟二：設計引導方法

需要提供什麼樣的環境支持，來達到期望的目標？

- 設定開始和結束寫作業的時間。
- 估計工作時間的表單。
- 媽媽負責檢查。

要教孩子什麼具體技巧？由誰來教？採取什麼流程來教？

技能：時間管理力

誰負責教：父母／納森

步驟：

1.列出回家功課清單，以及估計需要完成的時間，把它輸入表單，然後寄給媽媽。

2.根據估計的時間，決定幾點開始寫功課。

3.晚上九點前寫完作業。假如超過二十分鐘，隔天必須提早開始寫功課。

要使用什麼誘因，激勵孩子使用／練習這項技能？

- 納森可以不受父母干預或嘮叨，管理自己的時間。

第19章

加強變通力——讓孩子學會因應變化，隨時調整步伐

變通力（Flexibility）這項執行能力，指的是面對障礙、挫折、新訊息或錯誤時，修正計畫的能力，它是一種適應條件改變的能力。

變通力好的成年人，能夠視狀況「順勢而為」。當因為無法控制的變數，不得不在最後一刻改變計畫時，他們能夠迅速應變，以解決新局勢所衍生的問題，並進行必要的心情調適。至於缺乏變通力的成年人，在遇到突如其來的變化時，通常會驚慌失措。和缺乏變通力的人生活在一起的人，無論大人或小孩，經常會發現他們必須耗費額外的心力和計畫，來減少意外對變通力差的家人所造成的衝擊。

生心理發展

孩子隨年齡不斷提升變通力，調整自己適應生活

嬰兒階段

我們不會期待小嬰兒對任何事情有變通力，因此我們配合他們的作息，餓了就讓他們吃，累了就讓他們睡。然而，如果從很早開始，父母就開始帶給寶寶更多的秩序和可預測性，這樣父母就不必一再放下所有的事，來滿足寶寶的需求。例如，大部分嬰兒到六個月大，就會跟著家人的

作息入睡（也就是盡量能夠睡過夜）。等孩子開始吃固體食物之後，我們會讓他們的用餐時間固定，更能和家人的用餐時間契合。

幼兒階段

當孩子從嬰兒時期、學步期、成長到學齡前階段時，我們期望孩子適應各式各樣的狀況，多數孩子是做得到的，包括適應新保母、上幼稚園、到爺爺奶奶家過夜等。我們也期待孩子能適應日常生活中突如其來的變化、面對失落感，以及用最鎮定的方式面對挫折。這些全都需要變通力。大部分缺乏變通力的孩子，父母會發現他們需要一段時間適應新的情況。三歲至五歲左右，大部分的孩子已經學會處理新的狀況和意外事件，就算不開心，也能夠泰然處之，或者迅速恢復心情。

專家分析

培養孩子變通力的10個提醒

當父母開始培養小孩的這項能力，發現孩子嚴重缺乏變通力，父母必須注重調整環境。變通力不佳的青少年很難應付新狀況以及計畫或進度的意外變化。因此父母可協助調整的環境包括：

❶ 避免突然進行很大的變化，以減緩新環境帶來的衝擊。

❷ 盡可能按照進度和例行規畫執行工作。

❸ 事先預告即將發生的事件。

檢視孩子的變通力

評分說明
0－做不到或很少做到
1－表現普通（大約25%的時間可以做到）
2－表現相當不錯（大約75%的時間可以做到）
3－表現非常棒（每次或幾乎每次都可以做到）

學齡前／幼稚園階段

____ 可適應計畫或例行工作的變化（可能需要預先提醒）。
____ 能快速從小小的挫折中恢復心情。
____ 願意和別人分享玩具。

國小低年級階段（一～三年級）

____ 能和別人和睦相處（不任意發號施令、會分享等）。
____ 未按照指示行動時，能接受老師重新引導。
____ 能輕鬆適應計畫外的狀況（例如，換代課老師上課）。

國小高年級階段（四～五年級）

____ 不會一遇到事情就「當機」（例如：心情低落、受到冷落等）。
____ 因超乎預期的狀況必須改變計畫時，能夠「調適心態」。
____ 會做「申論式」的回家作業（可能需要協助）。

青少年階段（六～八年級）

____ 能適應不同的老師、課堂規矩和生活常規。
____ 當同儕的行為不容易改變時，願意配合團體的狀況調整。
____ 願意配合或接受弟弟妹妹的提議（例如，讓弟弟妹妹挑選要看的電影）。

❹ 給孩子應付狀況的心理準備。事先預演狀況，向孩子詳細說明可能會發生什麼事，以及他可以如何應對。

❺ 降低任務的複雜程度。當變通力不好的孩子認為自己記不得所有必須記住的事，或是達不到別人的期望時，通常會手足無措。父母可以把任務拆開，一次只讓孩子做一個步驟，就可以緩和孩子驚慌的程度。

❻ 給孩子選擇。對某些孩子來說，當他們認為有人想控制自己時，就會變得更加缺乏彈性。讓孩子選擇如何應付狀況，把一些控制權還給他們。當然，不論孩子做了什麼選擇，父母都得接受，所以父母必須審慎考慮提供給孩子的選項。

當變通力不好的孩子愈來愈成熟時，父母可利用下面的策略，鼓勵孩子培養更大的彈性。

❼ 帶孩子實際經歷引發焦慮的情境，一開始父母要給他最大的支持，讓他覺得自己不是「一個人」在應付任務。當孩子成功完成任務，自然會愈來愈有自信，那時父母就可以逐漸減少支援的頻率。如果孩子從來沒有參加過生日派對，並對此感到惶惶不安，父母不能只是把他丟下，等兩個小時後再去接他。父母應該和孩子一起去，陪他待一陣子，等到孩子自在了再離開。一開始你要支持或陪伴孩子，並陪著他建立自在感和自信心，讓他可以獨立應付狀況，並融入整個環境。**關鍵是給孩子最低限度的必要支持，讓他感覺自己做得到。**

❽ 利用社交小故事，引導孩子解決可能會產生適應不良的狀況。凱蘿．葛瑞（Carol Gray）的《社會性技巧訓練手冊：給自閉症或亞斯伯格症兒童的158個社會性故事》（The New

Social Story Book，心理出版）設計的社交故事，就是一個協助自閉兒了解社交訊息，讓他們能更順利處理社交互動的方法，它也可以用來幫助不擅變通的兒童。這些故事是由包括三種句型所構成的簡短小品：一、描述句：說明社交情境發生時的相關重點特徵；二、觀感句：描述情境發生時其他人的反應和感受；三、引導句：指出在情境發生時，小孩可用來順利調整狀況的策略。

9 協助孩子想出一個預設的策略，因應當他因變通力不足而引起問題的情境。如一數到十、離開情境現場冷靜後再回來，以及請特定人士協助等簡單做法。

10 利用丹・修本那（Dawn Huebner）在《腦袋不聽使喚怎麼辦：幫助孩子克服強迫症》（What to Do When Your Brain Gets Stuck，書泉出版）一書提出的一些因應策略。雖然這本書是專門為了極度缺乏變動性、有強迫症行為的兒童而撰寫，不過書中提出一些很好的說明，描述適應不良的感覺以及好的因應策略。

教養案例25

行程稍有變動，便大哭大鬧……

曼紐今年五歲，他上午會上幼稚園，媽媽每天下午兩點半來接他。雖然爸媽本身並不是計畫型的人，但是他們知道生活規律和收納整齊的空間，對曼紐很重要。要曼紐嘗試新的活動需要費很大的功夫，而且如果第一次經驗很不好，他就不會再試第二次了。和其他小孩或大人相處時，除非對方是自己很熟悉的人，否則曼紐很容易就跑到爸媽身後躲起來。

大多時候，他們下午行程有固定的模式：媽媽接曼紐後，會到附近的商店買點心，然後曼紐一邊吃，一邊搭車回家。天氣好的話，曼紐會到院子玩，如果天氣不好，他就在地下室玩積木。

孩子問題行為發生狀況

若下午的行程有任何變動，曼紐都會大哭大鬧、亂摔東西，哭鬧好幾個小時。媽媽知道等曼紐長大以後，其他人不可能完全配合曼紐的作息，因此需要想辦法提升曼紐對變化的忍受力。

媽媽和孩子商量提醒方式

媽媽對曼紐說：「曼紐，有時我來接你放學時，會買完點心再回家；有時候我們回家前，我必須處理某些事，譬如跑銀行或去接瑪麗亞。大部分的時候，我前一天晚上就會知道行程，你希望我怎麼告訴你呢？是直接跟你說？或者用圖片來安排計畫呢？」曼紐不想要有任何改變，但是媽媽十分堅持，於是他選了圖片。曼紐畫了車子、家、銀行、瑪麗亞的學校，還有瑪麗亞踢足球的圖片，因為這些是最有可能停留的點。他們在每張圖片貼上透明片，背面貼上魔鬼氈。

媽媽採漸進方式改變

一開始，曼紐的媽媽每個禮拜更改兩天行程，接著改三天行程。每天晚上媽媽會和曼紐聊隔天的計畫，然後曼紐負責把圖片按照「進度」排好。隔天曼紐上學前，他們複習那天的行程。起初行程一有改變，曼紐就會抗議，不過和以前比起來，已經溫和許多了。過了一段時間，媽媽只要提早告知，曼紐似乎愈來愈能接受這些改變。媽媽的終極目標是等她去接曼紐的時候，再把當天的計畫或行程告訴他，這樣可以讓她在安排行程時更有彈性。

成功關鍵

務必要讓孩子對新變化有心理準備

- 不要期望孩子會因父母的引導，而變得對改變具有彈性！記住，父母面對的是極度不能適應日常作息改變的孩子。一旦新的規律成型，它也會成為孩子固定的期待。這表示如果父母沒有按照新的行程走，可能就要面對孩子的大哭大鬧。若你要大幅變動計畫，應該和孩子討論過，讓他知道要怎麼做好準備。
- 要有準備加入沒有事先提醒的改變。有時父母實在無法事先料到事情的變化，但是孩子也需要學習適應這些突發狀況。即使孩子開始展現對行程改變的變通能力，父母還是要提早告訴他偶爾可能會發生突發狀況，然後在行程中慢慢加入一些臨時的改變，但還是要保留孩子喜歡的活動，例如吃冰淇淋。

父母引導訓練「變通力」步驟表

★《執行力訓練父母手札》p356、357收錄空白表格★

步驟一：建立行為目標

期望孩子培養的執行能力：變通力

具體的行為目標：曼紐能不發脾氣，心平氣和地接受臨時的行程變動。

步驟二：設計引導方法

需要提供什麼樣的環境支持，來達到期望的目標？

- 協助曼紐準備下課後可能會進行的活動的圖片。
- 媽媽前一天晚上提早告訴曼紐隔天可能的計畫。
- 媽媽早上檢視當天的行程，並帶著行程表出門。

要教孩子什麼具體能力？由誰來教？採取什麼流程來教？

能力：對行程改變的變通力

誰負責教：媽媽

步驟：

1.媽媽告訴曼紐行程將會有變，並詢問曼紐希望媽媽用什麼方式通知他。

2.製作各種活動的圖片。

3.根據當天計畫，把圖片排列出先後順序。

4.前一天晚上、當天和下午曼紐放學上車後，把行程拿出來看一遍。

5.一段時間後，增加新的活動和變更行程。

要使用什麼誘因，激勵孩子使用／練習這項能力？

- 這項計畫並未設計特定的獎勵內容。

第20章

提升目標堅持力——讓孩子練習實踐夢想的步驟與過程

目標堅持力（Goal-Directed Persistence）指的是設定目標、不受干擾而堅持下去的特質。

每次我們為了達成長期目標而勤奮不懈時，展現的就是這項能力。如果父母發覺自己為了新的興趣而經常改變目標，或認為隨時間提升能力並不重要，那麼你可能就缺少目標堅持力。

生心理發展

持續鼓勵孩子完成任務＝目標堅持力養成訓練

幼兒階段

雖然目標堅持力是較晚才會發展成熟的執行能力之一，但是從孩子相當年幼時，父母就已經在鼓勵他發展這項能力，即便父母可能沒有意識到。不管是教學步兒玩拼圖，還是協助五歲的小孩學騎腳踏車，這些事都不簡單，每次父母鼓勵孩子別怕失敗、繼續嘗試，就是在默默培養他的目標堅持力。同樣地，當父母向孩子強調精通新的技巧需要時間、練習和努力，並且稱讚他堅持去做某項挑戰時，也是在向孩子強調目標堅持力。最明顯的例子是孩子透過運動或學習樂器領悟堅持到底的真諦，不過，父母也能藉由指派家事這類任務，來教導孩子持之以恆。一開始，要求的家事要很簡單，並在小範圍內，例如，把牙刷收好，或把外套掛好。隨著孩子的年齡增長，自然而然會發覺他能處理更耗時的家事，或是更多的雜務，例如：整理房間、遛狗。

小學階段

另一個協助孩子發展目標堅持力的方法，就是給孩子零用錢，幫助他學著存錢買想要的東西。到了小學三年級，為了買自己想要的東西，多數孩子都已經學會至少存一點錢。

青少年階段

等孩子上了國中，大部分的孩子都知道練球、練樂器，或決定如何分配時間以爭取學業上的好成績，這些就是最基本的目標堅持概念。到了高中，他們開始了解在學校的表現會影響到大學入學的結果；到了大二下或大三上，他們可能會為了成為社會新鮮人做準備，而採取比較大幅地改變自己的行為，以達到期望的長期目標。

要評估和同年齡的小朋友相比，孩子在目標堅持力方面表現如何，你可以填寫下一頁、以第二章的簡單評估做為基礎的問卷。

專家分析

提升孩子目標堅持力的7個方法

雖然目標堅持力是孩子最後才會發展完全的執行能力之一，不過當孩子還很小的時候，你就可以採取幾個步驟，來幫助他發展堅持力：

檢視孩子的目標堅持力

評分說明

0－做不到或很少做到

1－表現普通（大約25%的時間可以做到）

2－表現相當不錯（大約75%的時間可以做到）

3－表現非常棒（每次或幾乎每次都可以做到）

學齡前／幼稚園階段

____ 會帶領其他孩子玩耍，或進行角色扮演遊戲。

____ 會在衝突排解的情境中尋求協助，以爭取想要的東西。

____ 會嘗試超過一種解決方案，以達成一個簡單的目標。

國小低年級階段（一～三年級）

____ 會堅持一項具有挑戰性的任務，以達成期望目標，例如，堆疊一個困難的樂高積木。

____ 如果被打斷，稍後還會回頭繼續執行某項任務。

____ 會進行一個期待的計畫幾個小時，甚至好幾天。

國小高年級階段（四～五年級）

____ 能把零用錢存下來三到四個禮拜，去買某個想要的東西。

____ 能按照進度練習，以求把某個技巧練得更好，例如：運動、樂器等；可能需要提醒。

____ 能維持一項興趣好幾個月。

青少年階段（六～八年級）

____ 能付出更多努力以提升表現，例如，更認真念書以爭取更好的成績或評量結果。

____ 會從事需要付出心力的任務來賺錢。

____ 不需要提醒，就會自動練習以改善某項技巧。

❶ 及早開始。從非常簡單、目標在視線範圍內（就時間和空間而言）的任務開始。你可以給予支持，協助孩子完成任務，並且在任務完成後，給他大大的稱讚。如拼圖遊戲，從只有少少幾片的拼圖開始，如果孩子卡住了，給他線索或協助，例如指出孩子要找的那片拼圖以及要放的位置，然後讓孩子把它放在正確的地方。

❷ 要幫孩子延伸和達成更長遠的目標時，先從孩子有興趣的事情開始。比起打掃房間，孩子可能更有興趣把恆心與毅力放在如堆疊複雜的樂高積木上。給孩子鼓勵、給他小小的線索與提示，以及必要的協助，然後稱讚他堅持到底。

❸ 當孩子完成家事時，讓他去做某件想做的事情。這樣可以鼓勵孩子有毅力去完成沒那麼有趣的任務，譬如做家事。如果孩子沒什麼耐心，等他做完一部分家事就給點獎勵。

❹ 慢慢拉長需要的時間來達成目標。起初，目標應該可在幾分鐘或一小時以內達成。之後要求的時間可以延長，讓孩子在達成目標或贏得獎勵以前能堅持更久。記得要幫助孩子學習延遲滿足幾分鐘甚至幾天，父母可以設計具體的表現形式來表示在目標達成的程度：瓶子裡累積的代幣多寡、拼圖碎片、幫一幅畫完成著色，這些做法都可以幫助孩子看出完成度有多少。

❺ 提醒孩子努力的目標。如果孩子要存錢買玩具，就在孩子房間的牆上貼上玩具的圖片。視覺上的提醒，通常比口頭提醒更有效。

❻ 運用科技提醒。例如，把電腦螢幕打開後，桌面就會出現便利貼。另外也有「倒數計時器」（Free Countdown Timer）程式，可以從網路下載小工具。

❼ 當孩子做到目標堅持，確定用來當作誘因的獎勵，是孩子真的想要、而且沒有管道可以

自由取得的東西。舉例來說，如果你有一個喜歡打電動的孩子，他有三套不同款式的電動遊戲機、二十幾種電玩軟體，而且隨時隨地都可以玩，那麼這個孩子便不太容易受到延遲滿足所激勵，也不會為了得到電動或打電動的時間而堅持任何目標。

教養案例26

喜歡嘗試新事物，但很快就半途而廢……

觀察並發現孩子的問題

確認問題的真正原因

五歲的山繆是一個好奇的小朋友，他喜歡嘗試新事物，不過似乎很快就中斷，不是因為沒興趣，就是覺得太難。山繆不僅會放棄「工作性質」的任務，例如，簡單的家事和學校活動，也會放棄有趣的東西，例如打電動和運動。山繆的三歲妹妹是一個「永不妥協」的人，不管她設定什麼目標，都會堅持到底。這樣的對比，讓爸媽對兒子更感到擔心。山繆這麼缺乏恆心，會不會讓他變得更被動、更不願意嘗試新活動？

爸媽想和山繆一起討論改善計畫，但他們需要更多的資訊。當山繆展開一項活動之前，他的期待是否過高？一旦開始之後，他的目標是否過於遙不可及？爸媽和山繆談過後，他們明白兒子之所以會半途而廢，以上這兩個因素都有。例如山繆上場打擊時，滿腦子只想著轟出全壘打。幾次失敗後，山繆覺得自己永遠做不到，所以就放棄了。

爸爸挑有趣的項目著手訓練

爸爸提議，如果山繆同意設定更短期、更簡單的目標，以及簡短的練習時間（五到十分鐘），他就會陪山繆練習。山繆接受爸爸的提議，他們製作了一張表，記錄每天練習揮棒和擊中的次數。山繆負責記錄資料，他似乎很喜歡這個計畫。山繆透過和朋友一起打擊「樂樂棒球」（譯註：不需投手、不限場地，直接利用T型打擊座打擊的棒球運動），獲得足夠的自信心。

再套用在孩子不感興趣的項目

爸媽把類似的計畫套用在做家事上：把碗盤拿到洗碗槽。因為山繆不喜歡做這件家事，因此爸媽一開始把要求的範圍縮小，只收他自己的碗盤和杯子，同時只要山繆多收一個碗盤，就給他獎勵。爸媽慢慢提高要求，讓山繆很容易就贏得獎勵。一個月後，山繆已經能收拾家人的碗盤，而且經常得到獎勵。只要山繆在某個活動或任務遇到瓶頸，爸媽就用這些方法，來當作指導山繆維持努力和恆心的策略。

成功關鍵

調整任務的順序，讓孩子先完成任務，再做喜歡的事

- 如果孩子因為成功的速度不夠快而放棄某項活動，父母可以把任務安排在孩子比較喜歡的事情之前。我們不難發現，讓山繆在上網或看電視之前去收碗盤，或許就能增加誘因。相同的策略，也可以用在練習運動這類的活動。不過，就算是帶有娛樂性質的活動，也不表示持久力有問題的孩子會認為這類練習很有趣，因為這些孩子很容易失去耐性，可能要額外設計活動。

父母引導訓練「目標堅持力」步驟表

★《執行力訓練父母手札》p356、357收錄空白表格★

步驟一：建立行為目標

期望孩子培養的執行能力：目標堅持力

具體的行為目標：山繆不管是對喜歡或不喜歡的任務，都能提高做事情的恆心毅力。

步驟二：設計引導方法

需要提供什麼樣的環境支持，來達到期望的目標？

- 簡化要求，並建立容易達成的短期目標。
- 繪製簡單的圖表來追蹤進度。
- 爸媽協助建立這項技巧。

要教孩子什麼具體能力？由誰來教？採取什麼流程來教？

能力：藉由順利完成小型的任務，以達成目標或完成任務要求

誰負責教：山繆的父母協助指導這項技巧，山繆則靠自己展開練習

步驟：

1.爸媽陪著山繆一起設定可行的目標和任務要求。

2.山繆同意練習的進度和標準。

要使用什麼誘因，激勵孩子使用／練習這項能力？

- 獲得正面評價，顯示表現已經達到設定的目標。
- 以視覺和具體方式呈現進展的圖表。
- 完成任務就給他可兌換獎勵的點數。

教養案例27

小孩一有錢，就想把它花掉……

觀察到孩子花錢的不良習慣

從父母的角度來看，九歲的傑洛是「速戰速決」型的孩子，他沒什麼耐心，要傑洛存錢特別困難，只要他一有錢，他就想去商店花掉，因此傑洛經常身無分文，並且會習慣性地要求爸媽買下他想要的東西，或是在他拿到零用錢之前，先「借」他錢。他們希望傑洛學習按照計畫實現目標，即使是相當短期的目標。

以存錢買想要的東西改善亂花錢的壞毛病

傑洛想要一臺電動玩具。以前爸媽曾跟他說過，只要他存夠錢就可以去買。爸媽把傑洛的欲望視為教導他努力達成目標的工具。

如果儲蓄計畫要奏效，必須讓傑洛知道距離目標還有多遠。每個星期只是存下零用錢五塊美金，速度太慢。傑洛的生日快到了，他從爸媽、親戚和朋友那邊拿到的紅包，可以大幅增加他的資金。因此，爸媽還是認為傑洛必須看見得到電玩的進度上有顯著的進展才行。爸媽建議如果傑洛願意把生日紅包全數撥去買電動，加上零用金，他就可以在五、六個星期內買得起電動。

爸媽協助目標圖像化，讓孩子看得到實際進度

即使如此，爸媽還是擔心傑洛會忘記自己的目標，因此他們找到一張電玩的圖片，並把它裁剪成拼圖碎片，每片拼圖相當於五塊美金。傑洛靠著生日紅包，在一開始就完成大部分拼圖，接著每星期用零用錢買一片拼圖，過完生日的十個星期之後，傑洛完成了拼圖，歡天喜地地買到電玩。傑洛和爸媽都很喜歡這樣的機制，並且還可以把它套用在其他更長遠的目標。

成功關鍵

讓孩子看得到每次的進展，才能刺激達成目標的動力

- 切記，孩子願意等待的時間比你短得多。要讓計畫成功，一定要讓孩子隨時看到他的目標。所以在指導孩子時，不要好高騖遠。期望孩子儲蓄幾個月或把所有的零用錢存起來，都是不切實際的。
- 學習儲蓄需要持續不斷且長期的練習。要有延長時間練習這套儲蓄機制的心理準備。

父母引導訓練「目標堅持力」步驟表

★《執行力訓練父母手札》p356、357收錄空白表格★

步驟一：建立行為目標

期望孩子培養的執行能力：目標堅持力

具體的行為目標：傑洛在生日過後的十個星期內，成功存到錢買電動玩具。

步驟二：設計引導方法

需要提供什麼樣的環境支持，來達到期望的目標？

- 傑洛和爸媽一起拼圖，圖片拼完整的時候，就表示他要買電動玩具的目標已經達成。
- 每次傑洛拿到五美金零用錢，爸媽就提醒傑洛，那可用來換一片拼圖。
- 傑洛和爸媽每個星期檢視拼圖完成的進度。

要教孩子什麼具體能力？由誰來教？採取什麼流程來教？

能力：透過計畫和儲蓄，完成一個短期的目標

誰負責教：父母

步驟：

1.傑洛和爸媽利用圖片拼圖，建立一個具體的目標。
2.爸媽協助傑洛設定時間表，讓目標清楚可見。
3.傑洛選擇一個時間點（他的生日）啟動計畫，讓他一開始就能達成大部分的目標。
4.傑洛和爸媽固定每星期檢查拼圖的進度。每當傑洛又換到一片拼圖，就給他鼓勵。
5.至少每兩個星期，爸媽就帶傑洛到玩具店去玩電玩，讓他保持和目標的緊密接觸。

要使用什麼誘因，激勵孩子使用／練習這項能力？

- 傑洛得到一臺專屬的電動玩具，而他用其他方式絕對得不到。
- 爸媽用類似的做法，鼓勵傑洛去買他想要玩的軟體。

第21章

養成後設認知力——讓孩子學會分析資訊、綜觀全局的洞察力

後設認知力（Metacognition）指的是往後退一步，以統觀全局的角度，對局勢進行鳥瞰的能力；它是一種觀察你如何解決問題的能力，也包括自我監控和自我評估。

擁有這項技巧的成年人可以評估一個複雜的局勢、考慮多重的資訊，並正確判斷應該如何處理。此外，他們也可以事後評估自己過去的表現，並決定如果有需要，以後可以有什麼不同的做法。缺乏這項能力的成年人，可能會遺漏或忽略重要的資訊（尤其是社交性的線索），並傾向根據「感覺」，而非仔細地分析事實來做決定。

生心理發展

因果關係、概念統整，各階段都有不同任務

嬰兒階段

後設認知是一組複雜的能力，它從生命誕生的第一年，當嬰兒開始透過篩選、分類和認知因果關係來組織自己的經驗時便已萌芽。這些能力在學步期時得到進一步的擴展，在這段期間秩序、常規和習慣對孩子來說變得很重要。

兒童階段

到了幼稚園，兒童的發展重心從探索期開始轉變成熟練期。孩子開始意識到別人有不同的感知經驗，也察覺別人的情緒，並且能夠玩角色扮演的遊戲。過了不久，大約五到七歲之間，孩子開始體認到別人有不同的想法和感受，也能初步解讀他人的意圖，例如，別人是故意傷害他們？還是不小心的？

小學、青少年階段

到了兒童發展階段的中期，後設認知的視野開始大幅擴展。這個年紀的孩子不僅對自己的想法、感覺和意圖有更深刻的體會；同時也了解到自己的想法、感覺和意圖，可能會變成別人思考的目標。這就是為什麼國中階段的青少年會從強調自我行為發展出自我意識，以及服從性會變成如此重要的原因。但是，此時他們還沒有學習到，即使別人以似乎有敵意的眼光看待他們，也不表示對方真的有敵意。到了高中，隨著後設認知能力如積木般堆疊與排列完成之後，他們便可以往後退一步，用稍微更寬廣的角度來理解事情。

要評估和同年齡的小朋友相比，孩子的後設認知技巧表現如何，你可以填寫下面的問卷。

專家分析

培養孩子後設認知力的8個方法

父母可以協助孩子培養兩種後設認知技巧：一種是孩子評估執行任務的能力，例如做家事或

檢視孩子的後設認知力

評分說明

0－做不到或很少做到

1－表現普通（大約25%的時間可以做到）

2－表現相當不錯（大約75%的時間可以做到）

3－表現非常棒（每次或幾乎每次都可以做到）

學齡前／幼稚園階段

____ 玩積木蓋房子或挑戰拼圖時，若孩子第一次嘗試失敗，能稍微進行修正。

____ 能想出新的（但簡單的）工具用法來解決問題。

____ 能建議其他孩子怎麼解決某個問題。

國小低年級階段（一～三年級）

____ 能根據父母或老師的意見來修正行為。

____ 能觀察別人的狀況並適當改變行為。

____ 能用言語說出一個以上的解決問題辦法，並從中挑選最好的選擇。

國小高年級階段（四～五年級）

____ 能預期一個行為的後果，並根據狀況進行調整（例如，避免惹麻煩）。

____ 能清楚說明幾個解決問題的辦法，並從中提出最佳方案。

____ 喜歡學校作業或電玩遊戲當中解決問題的部分。

青少年階段（六～八年級）

____ 能正確評估自己的表現（例如，某個體育活動或學校作業）。

____ 能了解自己的行為對同儕的影響並進行調整（例如，融入團體或避免遭到取笑）。

____ 能進行需要更抽象辯證的任務。

回家作業，並根據評估的結果進行修正。**第二種是孩子評估社交情境的能力**，包括本身的行為與他人的反應和行為。

要協助孩子培養和執行任務相關的技巧，父母可以試試看以下做法：

❶ **針對執行任務的重點給予具體的稱讚。**例如這樣稱讚孩子：「你會把所有積木都整齊地收進盒子，我真的很開心。」或是「你會去檢查床底，看看有沒有髒衣服丟在那邊，很不錯唷。」

❷ **讓孩子試著評估自己的表現。**孩子寫完老師要求的造句作業後，父母可以問問孩子：「你覺得自己寫得怎樣？有照老師的指示去做嗎？喜歡自己的表現嗎？」父母也可以提出簡單而具體的改善建議，最好從正面的切入：「你的句子寫得真好，不過字有時候會擠在一起。你可以試試看，把每個字的大小控制好，寫整齊些。」在給孩子提供意見和建議時，請把評判放一邊，因為批評永遠只會讓事情變得更為棘手。

❸ **讓孩子了解工作完成的樣子。**如果孩子的工作是負責收拾餐桌，父母你可以請孩子描述這項指令的意思（餐桌不要留任何東西，所有碗盤都要收到洗碗槽）。父母可能要把指示的內容寫下來，把它貼在明顯的地方來幫助孩子記得。

❹ **教孩子遇到困難的情境時，可以問自己的一系列問題。**這些問題可能包括：「我需要解決什麼問題？」「我的計畫是什麼？」「我有照計畫去做嗎？」「我表現的怎麼樣？」

要協助孩子學習理解社交情境，父母可以試試看以下的做法：

❺ **和孩子玩猜猜看遊戲，教導孩子如何解讀臉部表情。**很多後設認知技巧有問題的年輕

人，並不懂得如何閱讀臉部表情或解讀情緒。教導孩子這項技巧的方法，就是把它變成一種猜猜看遊戲，父母和孩子一起做臉部表情，然後互相猜測對方想傳達什麼感受。另外一個方法，就是把電視節目的聲音關掉，根據臉部表情和肢體語言猜測那個人的感覺。

❻ **帶著孩子認識如何利用聲音語調改變說話的意思。**根據研究，有五五%的溝通是來自臉部表情，三八%是語調，只有七%是實際說出的話。幫孩子區分不同的語調類型（嘲弄、挖苦、發牢騷、憤怒），然後要孩子用這些分類，來辨認自己和別人用來溝通的語調類型。

❼ **和孩子討論即使對方隱藏情緒，如何從線索看出對方感覺。**有什麼微妙的跡象可以判斷呢（緊抿嘴唇意謂在生氣、無意識地把玩東西表示焦慮）？父母可以把它變成一種偵探遊戲。

❽ **要孩子辨識自己的行為可能會造成別人的什麼感受。**在此，父母要教導孩子的，是感受的語言以及因果關係。

孩子變成家裡和學校的衝突來源

教養案例28

小博士型的孩子，經常糾正別人，自以為是……

十一歲的吉兒記憶力一向很好，也很喜歡閱讀，在很多學科都是「小小達人」。她喜歡和別人分享她豐富的知識，也很享受擔任專家的角色和大人的讚美。但是吉兒不知如何拿捏分際，常常糾正別人或不考慮別人說什麼。在家裡，這已經演變成她和兩個弟妹的衝突來源。

在學校也曾引發教室衝突，連吉兒最要好的朋友也厭倦她一副萬事通的態度。吉兒知道別人的反應，但是她覺得那是別人的問題，堅持自己沒有「做錯」，她只是想幫助別人。經過深談後，吉兒終於坦承自己會擔心，因為有時她覺得別人並不喜歡她。

孩子坦承自己心裡的擔憂

要幫助吉兒改善這種狀況是很複雜的。爸媽建議從家裡開始做起：第一步是要把自己想成是一個傾聽者；第二步是接受別人的說法，不要去糾正對方。吉兒同意要等弟妹和爸媽都說過話之後才輪到她說話，藉由最後一個發言，練習當一個「傾聽者」。輪到吉兒時，她可以先想辦法請家人講更多和主題有關的資訊，並稱讚他們，同時聊聊自己的活動和興趣。

從對話流程中找到調整方法

吉兒和爸媽想出一套提示的機制，假如吉兒又開始想要糾正或「教訓」別人，爸媽可以給她暗號。計畫展開前，全家人聚在一起，吉兒向大家說明她想要如何改變，以及她會做些什麼事。

起初，吉兒發現要照計畫很難，因為她會變成從頭到尾悶不吭聲。不過，在爸媽示範如何讚美家人和問問題之後，吉兒已經能克制糾正或給別人建議。接著，吉兒開始把同樣的策略用在朋友和同學身上。吉兒很坦然地告訴老師她的計畫，老師也同意，如果她開始出現主導討論或批評別人的行為，老師就會出面提醒。因為吉兒不再老是一副上知天文、下知地理的模樣，因此大人和朋友反而更願意請她提供意見。

家裡熟練後，再運用到學校

父母引導訓練「後設認知力」步驟表

★《執行力訓練父母手札》p356、357收錄空白表格★

步驟一：建立行為目標

期望孩子培養的執行能力：後設認知力

具體的行為目標：增加傾聽，減少在對話中說教和糾正別人。

步驟二：設計引導方法

需要提供什麼樣的環境支持，來達到期望的目標？

- 讓家裡面其他人先講話。
- 如果吉兒開始教訓或糾正別人，爸媽／老師會出面提醒。
- 爸媽／老師示範如何傾聽和可接受的對話表現。

要教孩子什麼具體能力？由誰來教？採取什麼流程來教？

能力：在社交互動中，發言前先聽人家講，同時展現：想要了解別人說話內容的興趣

誰負責教：父母／老師／朋友

步驟：

1. 吉兒和家人用餐時，最後一個才發言。
2. 吉兒的談話，要能引導傾聽者分享更多的資訊。
3. 爸媽提醒吉兒不要說教或糾正別人。
4. 吉兒模仿爸媽說話的樣子。
5. 吉兒把這些技巧用在學校和朋友身上。

要使用什麼誘因，激勵孩子使用／練習這項能力？

- 吉兒的傾聽技巧會得到爸媽和老師的稱讚。
- 朋友歡迎吉兒融入他們的團體，並不再出現負面評論。

成功關鍵

透過記錄讓孩子練習到能自我提醒！

- 父母不可能永遠在身邊監督孩子的行為，因此父母需要一個記錄孩子進步的做法。一種方法就是當孩子沒有打斷或糾正別人，能專心傾聽別人說話，並能舉出實例時，請孩子記錄下來。另一個做法是請孩子安排一個值得信任的朋友，當他開始搶著發言，請朋友幫忙暗示。
- 協助孩子評估表現時，切記，對父母來說是重要的事情，不見得對孩子也同樣重要。最好的做法，或許就是和孩子協議好要符合中間值。我們不應以完美來當作標準，而是以孩子認為可接受的品質為標準。就像大人會選擇性地在某些工作投入更多時間和心力，孩子也要被允許擁有相同的選擇權。孩子不需要每個作業都寫得很出色，也不必要每次社交互動的場合都非常成功。

教養案例29

小孩做事還算認真，但成果品質不夠好……

科瑞是十四歲的八年級生，有個十歲的妹妹，媽媽是全職上班族，因此孩子們必須要分擔家務，有時科瑞放學後還要照顧妹妹。科瑞是樂團的喇叭手，每星期在當地一家雜貨店打工約十個小時，負責回收購物車。

孩子清楚認知自己的缺點

從任務成果不理想反推自己的問題

尋求人選協助確認改進幅度

科瑞自認積極努力，不需提醒或催促，會自動自發寫作業和看書。上國中之後，他對於自己的投入無法獲得回報，愈來愈沮喪。科瑞工作牢靠，可是一直沒有加薪，有時主管還會說他需要更殷勤點；在家裡，科瑞會完成家事，但媽媽總是必須檢查他的工作，有時還會要求他重做。

科瑞的缺點就是沒有好好檢查自己的工作。小時候，因為爸媽或老師會從旁監督他，這件事還不成問題。但是現在科瑞長大了，師長也期望他能夠更獨立地檢討自己的工作。媽媽以地板吸得不乾淨和沒有好好修改老師指定的作文為例，告訴他自我要求太低影響了工作的品質。科瑞向來都願意接受意見並修正自己的做法，因此他需要做的，就是事先了解必須檢查什麼，這樣他就可以先做好自我監督，不需要等工作完成後，再被別人說他的成果不符合標準。

以吸地板為例，媽媽請科瑞仔細思考後擬一份「從開始到完成」的完整作業流程。科瑞完成後，和媽媽一起檢視這份清單，媽媽建議再增加一個步驟後，就成為科瑞做這件家事的參考。

從擬訂各項工作清單檢視缺失

科瑞了解這個觀念之後，跑去找主管，詢問自己要怎麼提升特定工作的表現。主管很高興能幫這個忙，科瑞也約好兩星期內再回來找他，了解自己做得對不對。

學校方面，科瑞和媽媽先去找學校的導師，說明自己想要努力的方向。老師和他們一起檢討成績單和成果報告，並從成績單看出，科瑞的主要問題在於寫作。科瑞的英文老師拿出一份寫作任務檢查表，她同意科瑞開始寫作業之前，先和科瑞一起檢視這份表格，同時幫科瑞看初稿，判斷科瑞自我監督和按照評量表執行的表現如何。

在不同學科利用這些評量表、事先檢視一遍、並且請人（老師、主管等）評估他自我評量的程度是否適當，幫助科瑞改善了工作成果。從這些流程中，科瑞領悟到，當他獲得別人的建議，了解自己需要更小心或仔細的地方時，他就必須按照類似的計畫，來改善該項任務或工作。

成功關鍵

提供具體改進建議，孩子才能明確知道自己疏忽的地方

- 不要馬上處理太多不同的工作。一開始把要指導改善的項目，限制在一、兩項。一次只應付一個領域的問題，例如家事或學業，不要同時進行。
- 針對要改變的特定行為，給孩子具體的意見。如果孩子很積極主動，而且可以接受別人的建議，這個計畫就很容易成功。但是，如果你的說法是：「你要更細心點才行呀。」孩子的老師說：「用功一點好嗎？」或者孩子的主管說：「工作的時候要專心。」講這種話一定是沒有幫助的。孩子需要得到具體的方向，例如：「仔細檢查那六排停車格之間、以及推車歸還區，有沒有購物車停在那裡？」

父母引導訓練「後設認知力」步驟表

★《執行力訓練父母手札》p356、357收錄空白表格★

步驟一：建立行為目標
期望孩子培養的執行能力：後設認知力 具體的行為目標：科瑞執行任務時，會評估自己的表現與標準的差異，並努力達到標準
步驟二：設計引導方法
需要提供什麼樣的環境支持，來達到期望的目標？ • 爸媽／主管／老師為各自領域的指定任務制定標準（以表單形式）。 • 爸媽／主管／老師為科瑞的表現提供意見。
要教孩子什麼具體能力？由誰來教？採取什麼流程來教？ 能力：科瑞學習自我評估，有必要時，會修正自己的表現，以符合任務要求的標準 誰負責教：爸媽／主管／老師制定標準，並且為科瑞的表現提供意見 步驟： 1.科瑞和大人一起選擇一連串要自我監督和改善的任務。 2.大人為這些任務制定可接受的表現標準。 3.科瑞展開任務之前，先檢視設定的期望值。 4.科瑞執行任務並自行監督成果，大人給予意見，告訴他改進後的表現如何。 5.科瑞視需要再修正自己的表現。
要使用什麼誘因，激勵孩子使用／練習這項能力？ • 大人正面回應孩子想改進的積極動力。 • 學業成績進步，或因工作績效改善而獲得加薪。

第22章

如果父母的指導沒效果，該怎麼辦？

對於執行能力有重大缺失的孩子，若透過自行在家輔導來解決問題，結果證明可能是不夠的。倘若父母已經試過本書中提供的策略和建議，但是效果不大，也試過第十一章到第二十一章所提出的建言，那麼父母便需要更深入審視，到底是怎麼一回事。

如果是在家的輔導計畫沒有發揮效果，我們建議父母仔細檢視自己指導孩子的方法，確認是按照正確順序融入成功訓練的必備要素。

就像我們提過，父母有能力提升孩子的執行能力；然而，要順利提升孩子的執行能力，必須投注心力和對細節的關注，尤其是在執行計畫的前端。雖然這麼說可能有點過分簡化，但無論如何，迅速瀏覽計畫的每個步驟是很重要的。

再次確認自己的訓練目標、執行態度是否明確

如果父母來尋求我們的協助，我們會問父母以下這些問題：

Q1 你想嘗試解決的具體問題是什麼？

比方說，只要原訂計畫改變，孩子就會哭鬧不休嗎？孩子一有錢，就一定要把它花掉？孩子每天都要上演弄丟或找不到東西的戲碼嗎？父母是否把問題定義得夠清楚，以便能判斷給孩子的指導是成功、還是失敗的？對於問題行為的描述必須夠精確，如此父母、孩子和任何協助的指導者，才不會懷疑這個行為到底有沒有發生過。包括像是「老是……」、「從來不會……」、「每件事……」、「一直……」和「諸如此類的……」這些描述字眼，可能都太籠統了。無法提供足夠的資訊來解決問題。明確描述「內容」（他弄丟了什麼東西？）、「時機」（什麼時候最可能發生這個行為？或是什麼樣的時機會造成最大的問題？）以及「地點」（什麼情境下最常發生這個行為？），可以幫助父母更清楚地定義問題。即使這個問題可能在很多情境都會出現，但重點是要挑選一個具體的出發點來切入。記住，「起步」是非常重要的。

Q2 父母用來判斷問題改善的標準是什麼？什麼程度的行為是父母能接受的？

要誘導孩子改變整體行為，不僅困難度很高，在短期內也不可能，因此我們鼓勵父母在設定對孩子的期望時要務實一點。列出兩、三個具體情境，說明希望在這些情境中，事情要如何發展，以及希望孩子做些什麼。例如：一、可以接受孩子用不悅的口氣表達對改變的不滿，但不能發脾氣；二、至少要把三〇％的零用錢存起來；三、孩子要求父母幫忙找尋弄丟的東西，一個禮拜不能超過兩次。不要期望問題會完全解決，先從小小的改善做起，再擴大改善的範圍。只要孩子能踏出一小步，靠近目標一點，就應該以成功看待。

Q3 若考量孩子的年齡、目前能力和投入的努力，父母對孩子的期望是否符合實際？

請注意你回答這個問題的情緒。如果你發覺自己有一點惱怒地說：「我在他這個年紀，根本就沒有這個問題。」或是「其他同年齡的孩子都不會情緒失控，就能應付這種事。」那麼父母的期望可能太高了。請回過頭再仔細想想Q2：父母能接受看到孩子問題改善的標準在哪裡？

Q4 你為孩子安排了什麼樣的環境支持？

例如，父母是否有採用視覺提示提醒孩子計畫將會有變？當孩子拿到錢的時候，有沒有一個地方可以馬上讓他存起來？存放個人用品的收納空間，有沒有貼上特定的圖片或標籤？

Q5 父母想教給孩子的具體能力是什麼？

跟定義問題一樣，父母必須很清楚想教孩子什麼行為。雖然我們鼓勵父母從認識執行能力開始，但要在比較具體的情境中，孩子才會學到這些能力技巧。以前例為例，父母可以教孩子辨認計畫變動的符號並適當反應；教孩子收到紅包時立刻存到撲滿或銀行，或是把玩具收到收納區。

Q6 誰負責教這些能力？流程要怎麼做？執行／練習這些能力的頻率如何？

在協助孩子改善執行能力的起步階段，負責指導者的責任，和孩子的責任一樣重大。大部分我們期望孩子必須熟練的重要行為，都需要長時間的反覆練習，指導者也必須反覆提醒。

Q7 問題發生時，父母會採取什麼誘因，來幫忙激勵孩子學習和練習新的能力／行為？

我們發現家長經常在計畫中漏掉這個步驟。對孩子具有重要性的獎勵，可以變成很強大的誘因，激勵孩子嘗試展開計畫，並引導孩子走上成功之路。一旦孩子學會這項技巧，譬如獲得認同和讚美這種自然的誘因，便足以讓孩子保持這項能力。我們不會把獎勵看成一種「收買」，不過有些父母對這樣的方式感到不自在。如果你也是其中之一，可以利用孩子喜歡的活動當作誘因，只要孩子展現你想要的行為時，就讓孩子參與這類的活動。

再次確認和孩子討論規畫的訓練步驟是否如實做到

如果父母認為自己已經針對這些問題，想出一套合理而具體的計畫，給孩子支持和激勵，當計畫沒有發揮效果時，還有幾項要考慮的因素：

- **持之以恆地貫徹計畫。**每個人都很忙碌，要確定自己有提醒孩子計畫改變，或是監督孩子確實把金錢或個人用品收好，向來就不是一件簡單的事。我們也不可能永遠做到即時給孩子獎勵，一定偶爾會有疏忽的時候，不過即使如此也不會導致計畫失敗。另一方面，如果父母只是三天打魚、兩天曬網，這種執行計畫的方式注定會失敗。父母會發現孩子一點都沒有改變，所以也幾乎沒有什麼動力去執行這個計畫。基於這些理由，父母的計畫應該要設計得相當簡單，並且要能配合本身確實能撥出時間的作息。
- **指導者要用一致的標準執行計畫。**假如換成他人來執行整個或一部分的計畫，他必須遵守重要的原則，否則計畫可能會失敗。如果一個家庭有好幾個人分擔孩子照顧／教養的責任，他們應該要一起討論計畫，並且從一開始就協調好每個人要扮演的角色。如果計畫與回家作業或學校教材（學校用書等）有關，父母和老師應該要很清楚每個科目的要求、溝通的頻率及如何進行溝通。以大部分的情況來說，溝通時不要讓孩子傳話，因為孩子的資訊傳遞容易有誤差。
- **實施計畫堅持的時間長短。**一個計畫應該嘗試多久，並沒有一定的規定。假如計畫是合理的，可以先試行兩、三個星期。父母可能會覺得這樣的天數似乎不夠，不過根據我們的經驗，一般來說，一個計畫試個四、五天之後，家長就會開始失去規律。父母可能也會掉入這種陷阱，原因有二：如果孩子沒有任何改變，效果無法立即呈現出來，父母便很難保持努力的動力；另一方面，或許父母會看到立竿見影的成果，這時可能會覺得已經完成自己所期望的，因而鬆懈了下來。若是如此，改變是不會持久的，在幾個星期之內，孩子就會恢復舊有的習慣。父母或許可以花一些時間，在每天計畫執行結束後利用五分量表，給自己對計畫的堅持程度打個分數。

- 我怎麼知道孩子到底是不會做，還是不願意做？說不定他只是懶惰而已！在我們多年的專業實務經驗中，我們遇過的孩子只有極少數會被稱為懶惰。我們遇過意志消沉的孩子、懷疑自己能力的孩子；覺得比起完全不去試，試了但失敗會受到更大懲罰的孩子。重點不在於孩子不會做或不願做，而是我們要做些什麼，來幫助孩子克服任何障礙，讓他們熟悉任務或完成目前沒辦法完成的工作。幫助孩子克服障礙的方法，通常必須結合幾個做法，包括調整任務內容（讓它看起來沒有那麼艱難）、指導孩子完成任務的步驟、從旁監督，以及建立一套獎勵制度，讓孩子認為這件事值得他們投入心力去做。

若問題實在棘手，務必尋求專家協助

父母已經費盡心思去做，卻仍然沒有看到顯著的進步，接下來該怎麼辦呢？確實有些孩子在執行能力方面比較棘手，讓父母很難靠自己輕易地解決。若父母判斷孩子屬於這一型的，可以向有執照的臨床治療師尋求協助，例如：心理學家、社會工作者或心理輔導顧問。專業人員的頭銜不是那麼重要，重點是臨床治療師給予孩子的引導。我們建議父母找一位利用行為方法或認知行為方法進行治療，並且對親職訓練有經驗的專業人員來協助。

運用行為方法的臨床治療師關注的是：找出導致問題行為的特定環境觸發因子（我們稱為前因），以及行為的反應方式（我們稱為後果）。找出可以協助父母改變的前因或後果，或是兩者都改變。認知行為治療師用的可能是類似的方法，不過認知行為治療師還會觸及孩子和父母如何思考問題的情境，並指導他們用其他的角度來思考（例如：提供自言自語、放鬆策略和思考中斷技巧等因應策略）。我們不推薦採用傳統的談話治療或關係治療的治療師，因為我們認為孩子和父母一起處理因執行能力不足而引發的問題時，可以同步學習特定能力和策略。

什麼情況下，孩子需要接受檢測？

——檢測結果並不能找到改善方法，除非父母有特殊需求時才須檢測

家裡有嚴重執行能力問題的孩子父母，經常問我們是否該讓孩子接受檢測。我們並不會大力提倡以檢測做為找出執行能力缺失的方法，因為這些評估執行能力的檢測方法，通常和父母與老師給孩子的評估結果沒有關聯性。不過，有些情況讓孩子接受檢測可能是有用的，這包括：

- 如果父母認為孩子需要學校的額外協助，這時必須提出一份評估報告，提供校方必要的文件，顯示孩子有哪方面的問題需要解決。
- 如果父母認為孩子或許有其他方面的學習問題（例如：學習障礙或注意力失調），這個時候評估報告便可以協助父母釋疑。
- 如果父母認為孩子受到關注的行為，可能有其他的解釋，或許可以試試看不同的療程。像是躁鬱症、焦慮、憂鬱症和強迫症，都會影響到執行能力。目前已經發展出治療這些疾病的療程（包括藥物治療和特定療法）。此外，一份正確的診斷報告，也能協助父母適時給予

孩子指導。

如果父母決定尋求專業協助，取得包含孩子執行能力強弱的評估服務的專業人士，包括：心理學家、神經心理學家和學校心理學家。如果問題嚴重到可能導致學業上的挫敗，那麼校方便有義務提供這類評估。評估者除了可能採取任何形式的「測驗」之外，專業人員應該使用評分表來評估執行能力（例如執行功能行為評定量表，Behavior Rating Inventory of Executive Function，簡稱BRIEF）和收集資訊，通常是透過和父母親的深度訪談，了解孩子日常生活的執行能力問題是怎麼出現的。收集這類資訊的好處，是可以自然地將話題引導到父母出面指導的發展模式，畢竟那正是進行評估的主要目的。

小孩應該接受藥物治療嗎？

——建議先嘗試以非藥物的方式來進行治療，或兩者並行，減低藥物劑量

藥物治療是用來治療心理疾病或是類似注意力缺失／過動症、焦慮症和強迫症這種生理上的疾病。利用藥物治療或許有助執行功能的改善，但是這些藥物並非特別為了此一目的而研發的。

根據多年的研究報告顯示，興奮劑在控制幾個與過動症相關的症狀非常有效，包括：注意力渙散、完成工作有困難、過度活躍和衝動控制。過動症的孩子在服用興奮劑後，工作會變得更有效率、也能持續任務久一點，因此可以看到他們在時間管理和堅持力方面的進步。治療焦慮症的藥物可以解決情緒控制，因為那些問題是肇因於潛在的焦慮。**不過，在我們看過的報告中，沒有**

一份報告能夠指出，有哪些特定的執行能力是因為使用了藥物治療而改善執行能力。

大部分父母通常都希望先嘗試以非藥物的方式來進行治療，我們也支持這種做法；因為藥物治療可能會誤導師長父母，以為只要有藥物干預就夠了。我們認為若能搭配行為或心理方法，藥物治療的效果會更好。部分研究報告亦指出，當藥物治療結合其他引導法時，就能給予較低的劑量。因此我們建議考慮進行藥物治療前，先利用調整環境、表現評量和獎勵制度這些方法。

值得認真考慮接受藥物治療的4個警訊

然而，有時候讓孩子接受藥物治療也是有正當理由的。對患有過動症的孩子來說，父母可以注意幾個警訊，來判斷是否值得考慮試用興奮劑，這些警訊包括：

❶ **當注意力失調**（尤其是衝動和動作活動程度），**對孩子交朋友或維繫人際關係的能力有影響時**。在兒童時期練習社交能力，是關乎孩子一生是否能擁有良好適應能力的有力指標。如果孩子因注意力失調的問題而妨礙了社交能力，或許就有使用藥物治療的理由。

❷ **當注意力缺失開始影響到自尊心時**。即使只有輕微過動症狀的孩童，都能意識到他在注意力方面的問題，會使自己在學校遭到排擠，或是阻撓他們在課業上的表現。當孩子開始對自己產生負面評價，注意力缺失可能對孩子自尊心產生影響，或許可以利用藥物治療來緩和。

❸ **當注意力缺失直接干擾到孩子的學習能力時**。可能發生的情況有幾種：一、孩子很難在上課時保持專心，因此漏掉老師的指示，或無法完成課堂上的作業；二、孩子變得很容易灰心喪志，學習效果也跟著低落；三、孩子缺乏耐心去計畫與執行無法快速完成的任

務。當任務需要毅力才能成功，或是因為孩子無法仔細思考順利完成任務的所有步驟，而沒有能力處理步驟繁複的問題，這時我們就可以看出孩子很難靜下來。

❹ **當孩子需要控制渙散、衝動或動作的努力程度，大到影響他整體的情緒調節水準時。**對於情緒控制有問題的青少年，基於憂鬱症或焦慮症的可能性，父母考慮安排藥物治療時，應該考慮問題的嚴重程度。針對大人所做的研究報告指出，認知行為療法在治療焦慮症和憂鬱症的效果，可能和藥物治療一樣有效，但是當父母無法獲得這種療法，而孩子的憂鬱症或焦慮症已嚴重影響生活品質的時候，就值得考慮藥物治療。

第23章

採非對立的方法，和學校老師攜手合作

執行能力不足的兒童，不僅在家有問題，在學校也會遇到麻煩。和我們合作過的許多父母中，令他們感到挫折無力的，是他們在家可以很認真地處理問題，卻無法控制學校的環境，以及在學校發生的問題。根據我們多年來和父母、老師與學生處理執行能力問題的經驗，我們的感想如下：要真正改善孩子的問題，每個人都要更努力才行。老師對待有執行能力弱項的兒童，要比其他學生多一點付出；父母給這個孩子的監督和觀察，要多於一般孩子所需要的；執行能力不足的孩子本身也要比其他孩子更用心才行。如果這三方中有任何一方沒有付出相同程度的努力，就很可能引起緊張、衝突和不愉快。

技術上來說，要說服老師改變對待孩子的方式，採取非對立方法的效果通常比非難或指責好。我們以父母、老師和學生三方都要更努力為前提，建議父母透過點出問題，並以：「這些是父母可以做的，而這些是我們準備要求孩子去做的。」為起頭，和孩子的老師展開對話。接著向老師提出開放式問題，例如：「您認為做些什麼，能幫上孩子的忙？」

針對完成回家功課和繳交作業有困難的孩子，父母可以對老師說：「我們願意每天晚上檢查孩子的作業本，和孩子一起擬回家功課計畫表、監督孩子，確定他有把作業收到書包裡。我們還能做什麼，以確定他確實有將回家功課交給老師呢？」

我們和父母合作時，經常發生以下和學校相關的問題：

Q1

我女兒的老師顯然認為讓她接受藥物治療，班上每個人都會開心多了。我傾向先試試別的辦法，我要如何處理這件事呢？

我們對這個問題的回應是很直接的：藥物治療絕對不應該由校方決定。相反地，藥物治療的決定只能由父母和孩子的醫師討論。如果父母以對藥物治療有疑慮來表達婉拒，或許老師對於父母的反應會比較容易接受。你可以說：「讓孩子接受藥物治療，我會很不安。可能會有副作用這點，讓我很擔心……」如果父母讓老師知道你願意更努力去試，他們可能也會願意更努力去試。

Q2

孩子的老師說，他會針對孩子執行能力上的問題調整做法，不過說完他就忘了。關於這樣的事情，請問我該怎麼做呢？

如果老師是沒有惡意（或許他本身也有執行能力上的弱點），父母應該要以同理心來反應：「我知道下課時間您很忙，有沒有什麼我可以幫上忙的地方？」不過，有些老師只是勉為其難地答應多給孩子提醒、觀察或監督。當老師感受到壓力時，他們可能會說：「我想你的孩子應該自己做這件事。」對於這樣的說法，父母可以回答：「我們以前就試過了，一直都沒有效果。除了要求孩子自己做好之外，可能還需要老師協助。」不過，父母還有其他做法可讓老師好做一些。

我們通常會建議父母每星期發一封電子郵件給老師，確認孩子有沒有漏交的回家作業。因為回覆電子郵件，比建立新的電子郵件輕鬆得多，這樣可以減輕老師的負擔，而且讓溝通變得更好管理。此外，我們也知道有的媽媽很樂意每星期到學校一次，幫忙整理書桌或置物櫃。不管是哪一種做法，都是父母和老師保持良好溝通，做好監督他們的工作。

Q3 對於老師能做什麼，來協助孩子培養更有效率的執行能力，合理的期待是什麼？

我們發現在輔導孩子培養執行能力方面，成效最好的老師是那些有制定班級常規，協助孩子培養組織能力、計畫能力、工作記憶力和時間管理的老師。同時，這些老師也會將執行能力的指導，融入在主題教學的內容中。他們會教孩子如何把長期的任務拆成一個個子任務，並訂出完成子任務的時程表。他們也會建立回家作業的例行規範，確定學生都記得繳交作業，同時建立下課的例行規範，協助孩子學習檢查自己的作業，並且把寫作業需要用到的所有東西都放進書包裡。他們會建立班級的行為規範，協助孩子控制衝動和管理自己的情緒，並定期在適當時機檢討這些規範。

再次提醒，老師和大家一樣，都有執行能力的優點和弱點，因此有些老師比較能將這類的活動融入課程當中。如果孩子的老師在這方面做得不好，尋求老師以外的資源來協助也是合理的，例如：學校的輔導老師、校長等人。有些學校會提供教師支援團隊，由級任老師、行政人員和專業人員定期開會，討論如何解決特定學生在學習或行為上的問題。父母可以要求校方將孩子排入議程，同時和整個團隊開會，共同激盪解決問題的方案。

Q4 執行能力問題的嚴重性，要到什麼程度才有另尋其他管道協助的合理性？我要如何接觸這些管道？

以經驗法則，當孩子在執行能力上的弱項干擾到課業表現的能力時，就有理由尋求其他管道。當然，成績不及格是學業挫敗的指標，我們也主張成績並不能反應孩子的潛力。當孩子成績不好是肇因於執行能力不足時，這就顯示出孩子需要尋求其他的支援了。這些支援可以經由非正式的方式取得（如同我們在上個問題的答覆），不過也可以透過更正式的方法取得，例如特殊教育。

一般來說，特殊教育必須進行全面的評估，判斷兒童是否符合接受特殊教育服務之資格。最常見的障礙包括：學習障礙、情緒或行為失調、說話／語言困難、精神障礙或智能遲滯，或其他身體病弱（統稱為「其他身體缺陷」，或「其他健康損傷」OHI, other health impaired）。

Q5 我覺得孩子需要接受個別化教育計畫（IEP, individualized Education Plan）。請問您對於執行能力弱項的人，會建議什麼樣的個別化教育計畫？

近年美國有一項聯邦特殊教育法案的修正案《身心障礙者教育改進法案》（簡稱IDEIA, Individuals with Disabilities Education Improvement Act），個別化教育計畫必須包含可衡量的年度目標和一份說明如何衡量進展的聲明。對於執行能力不足的學生，個別化教育計畫應包含說明要應用的具體技巧，以及該技巧如何在課堂上或特定的課業任務中表現。衡量方法必須與功能行為相關，並且應盡量客觀。衡量進展的方式有：一、計算行為發生次數（例如：兒童在遊樂場發生爭執的次數）；二、計算比例（例如：準時交回家功課的比例）；三、利用評分表給表現打分數，評分表的每個級距必須仔細定義；四、利用自然發生的資料，例如：考試或測驗分數、缺課次數、受到訓斥的次數等。

下頁的表格顯示的是一個學生的案例。要求這位學生做完課堂作業有困難，因為他總是拖拖拉拉才開始，並且無法持續專注夠久的時間把任務完成。

任務啟動／持續專注力——個別化教育計畫目標

目標一	學生在老師設定的時間範圍內完成課堂作業。
如何衡量目標？	老師計算在時間內完成作業的比例。每天放學時，學生和老師一起繪製圖表顯示成果。
目標二	學生在指定開始時間的五分鐘內，開始寫所有的課堂作業。
如何衡量目標？	老師設定讓計時器在指定的時間響鈴。當鈴聲響起時，老師確認學生是否開始寫作業。每天放學時，學生和老師一起繪製圖表顯示準時開始寫作業的比例。

Q6 我的孩子有設定執行能力目標，並加入個別化教育計畫，但是學校並沒有執行。我如何讓校方執行他們承諾會做的事呢？

第一步是確認目標和衡量流程都有精確的定義，包含用可衡量的方式陳述個別化教育計畫的目標，不僅要定義如何衡量目標，也要定義什麼時候和由誰來衡量目標。如果這些項目都有適當說明，父母可以要求個別化教育計畫團隊，只要一有資料就通知父母，或是定期和父母分享資料。我們建議盡可能把資料存放在電腦（例如試算表），這樣他們就能輕易地用電子郵件把結果寄給父母。父母可能可以詢問孩子的個案管理員，確認一下如果由父母在適當時機，以電子郵件提醒他記得和你分享資料，會不會比較方便。

對學校來說，設定精確與可衡量的個別化教育計畫目標，是相當新的嘗試；加上老師或許沒有寫過個別化教育計畫目標的經驗，基於上述這兩點，父母可能要對學校有耐心，並主動給予協助。例如，父母可以和學校分享我們列在本章最後面的範例目標。

如我們先前提過的，當父母對學校採取非對立的態度，也許可以獲得學校更多的配合，也因此能取得更好的成果。然而，若父母已付出最大的努力，與孩子老師或特殊教育團隊的合作仍然格格不入，你可能就沒有其他資源可仰賴，只能聘請代理人或律師來協助爭取孩子需要的服務。

範例：任務啟動／持續專注力——個別化教育計畫目標

執行能力	年度目標範例	如何衡量進展
反應抑制力	在課堂討論中，有90%的時間，學生會舉手等老師叫他，才會以口語回應。	老師計算在所有的回應次數當中，「舉手」發言的比例。學生和老師每週繪製圖表顯示結果。
工作記憶力	學生準時繳交所有回家作業。	老師計算每星期準時繳交回家作業的比例；把結果輸入繪圖程式，每週五以電子郵件寄給學生和家長。

情緒控制力	當老師指定較為困難的作業時，會保持自制力。	老師持續記錄學生在獨立作業時間「情緒失控」的次數；每週繪製圖表，每星期五和學生分享結果。
持續專注力	學生在老師設定的時間範圍內完成課堂作業。	老師計算在指定時間內完成作業的比例；學生和老師把每天的結果繪製成圖表。
任務啟動力	學生在指定開始時間的五分鐘內，開始寫課堂作業。	老師設定讓計時器在指定的時間響鈴。當鈴聲響起時，老師確認學生是否開始寫作業。學生和老師每天一起繪製圖表，顯示準時開始寫作業的比例。
優先順序規畫力	在老師的監督下，學生為每個長期任務完成專案規畫，包括說明步驟或每個項目的子任務和時間表。	老師檢視學生的專案規畫表格，並且用1～5分的評量表，給學生的規畫品質打分數（1分＝規畫不周延，項目有缺漏或不切實際／未說明時間表；5分＝規畫完善，所有重要項目皆定義精確、完整，且時間表切合實際）。以圖表方式呈現分數。
組織力	學生保持教室書桌的整齊，妥善安排書本、筆記本、鉛筆等文具的擺放位置，沒有不相干的東西在桌上。	學生和老師列出一張整齊的書桌應有的物件清單。老師每週至少隨機抽查一次，同時學生和老師一起判斷桌上有幾件清單上的東西。以圖表顯示結果。
時間管理力	學生能正確評估要花多少時間完成每天的回家作業，並製作進度表，按照規畫執行。	學生寫一份每日計畫表，列出要完成的所有工作、評估每項任務要花多少時間、以及開始與結束的時間。指導者和學生每天檢討前一天的計畫，並且用1～5分的評量表，給執行計畫的表現打分數（1分＝計畫不周延，執行不力；5分＝計畫完善，執行順利，正確評估任務完成的時間）。以圖表顯示結果。

目標堅持力	在輔導人員的協助下，學生完成申請高中／大學的流程。至少要申請四所學校，且在截止日期前完成申請。	學生和指導顧問研擬完成申請高中／大學流程的計畫，計畫中的每個步驟都要設定截止日期。指導顧問記錄學生需要提示或提醒，才能完成計畫中每個步驟的次數。以圖表顯示結果，每星期和學生分享一次。
變通力	當學生遇到完成課堂作業的困難時，會採取因應策略讓任務能夠持續進行。	學生完成因應策略的檢查清單。老師記錄學生在五分鐘之內，定下心繼續手邊工作的時間比例。

第24章 支援、鼓勵與愛，陪孩子面對青春期的挑戰

馬克．吐溫曾說：「當我還是十四歲的男孩時，父親的愚昧無知，令我幾乎難以忍受和這個老頭子相處；然而，到我二十一歲的時候，父親在七年內的成長，讓我震驚。」我們在本書中，涵蓋馬克．吐溫從童年到青少年這段時期的教養問題。無疑地，父母對於期待孩子邁入青春期，以及蛻變成大人的過程，一定會有一些疑問。

國中階段的任務與活動增加，執行能力強弱的分野更明顯

幾個因素的相互交疊，構成了父母和青少年在青春期管理執行能力的挑戰。在這個年齡，尤其是國中和剛進入高中的階段，一致性比什麼都重要。這個年紀的青少年渴望自己達到「標準」，或是單純的只是想要和大家一樣。他們對於任何可能表現不佳的能力，多抱持著排斥的想法。在這個年紀，同儕團體對孩子態度和動機的影響力，比父母重要得多。

此外，這個階段的青少年，也發展出更強大的抽象思考能力；他們「演練」這項新技巧的方式之一，便是透過「爭執」，而且他們似乎特別樂於找父母練習這項技巧，這可能是因為此時期另一個重要發展歷程，就是宣告自己獨立於父母的束縛。當這種獨立意識，和自以為比爸媽懂的

青春期自負結合在一起，會讓父母面臨特別艱鉅的挑戰。馬克・吐溫的那段話即是寫照。期待父母對剛進入青春期的孩子有耐心並不容易，不過，情況確實會隨孩子的成熟而改善。

執行能力不足的青少年，經常會感到前所未有掙扎的另一個原因，就是社會對他們的執行能力要求愈來愈多。等孩子成長到國、高中階段，他們被要求獨立工作、掌握更複雜的任務與責任進度，以及計畫、執行準備考試和完成步驟繁雜的長期任務。同時，由於父母和師長認定，學生到了國中階段已經能夠自我承擔責任了，因此他們給國中大孩子的支持，似乎也漸漸地減少。

除此之外，青少年也會開始排斥對他們有幫助的支持與監督力量。這點也跟青少年亟欲實現自我獨立，以及擺脫權威束縛的發展歷程一致。最後，他們在這個時期也會有許多新的興趣和活動，瓜分他們的時間。執行能力有弱項的青少年面對功課的態度，經常有一種「這樣就好了」的心態，當眼前有一堆更有趣的活動等著他們，這種情況就更明顯了。

以上種種因素或許可以合理解釋，我們為什麼要趁著孩子進入這個成長階段變得過度自我防衛之前，陪著他們一起努力改善執行能力的原因了。

假如在孩子即將成為高一新鮮人，父母發覺自己比孩子更為惶恐不安，我們有一些可以供父母考慮的適性發展策略：

- **利用自然後果**（natural consequences）**或邏輯後果**（logical consequences）。孩子平常沒有寫完回家功課的自然後果，就是必須利用週末補回來；至於邏輯後果，則是星期六晚上不能和朋友出去玩，因為那個時間要用來做作業。
- **視孩子的表現讓他享受特權**。一旦孩子學會開車，允許他使用家裡的車就變成一項強大的誘因。另外，父母也可以讓孩子經過一段時間的努力及表現，讓他贏得或使用所有青少年渴望的電子產品。

- **願意進行協調與協議**。缺乏彈性的父母，以及對使用獎勵懷有強烈疑慮的人，等於剝奪了自己強大的激勵力量，來幫助孩子發展更有效的執行能力。
- **致力於積極的溝通技巧**。沒有什麼比奚落、挖苦和不願意傾聽其他觀點（即使孩子也採取了相同的溝通模式），更快能讓青少年偏離對話的主題。請參考下頁的對照表，了解有效的溝通策略。

讓青少年主動參與解決問題，有助孩子轉型為有責任感的成人

或許父母在這個階段對孩子仍然保有一些影響力，這時父母可以做些什麼以確保孩子能聽得進你的建議？更重要的是，父母的建議能不能培養孩子發展執行能力與獨立能力？本書不斷強調**孩子主動參與解決問題的過程的重要性，這點對於孩子轉型為成人的過渡階段尤其重要**。

如果父母希望成為孩子青春期的高效能導師，就必須扮演介於父母和教練之間的角色。父母和孩子的關係是互助的，父母要鼓勵青春期的孩子多觀察其他的選項，並從中做出選擇和決定。從父母的觀點來看，讓孩子收集資訊、建立選項及共同做出決定的過程，看起來可能是（或者根本就是）沒有效率的。

我們的目標不在找到一個有效率、由父母創造的解決辦法；我們的目標是希望父母能給孩子

可行的溝通策略

如果你的家庭會這樣做……	改成這樣試試看……
開始叫罵	在不傷害到對方的前提下，表達憤怒
彼此間互相奚落	「我很氣你那樣做……」
妨礙彼此	每個人輪流；要控制時間
太愛批評	好的、壞的都要指出來
防禦心很強	先傾聽，再沉著地提出異議
愛説教	有話直説，簡短就好
眼睛不看説話的人	要進行眼神的接觸
一副無精打采的樣子	坐好，散發精神抖擻的感覺
老愛冷嘲熱諷	用正常的口氣講話
講話喜歡離題	結束一個話題，再開始講新的
凡事老往壞處想	別急著下結論
老是喜歡舊事重提	專心談論眼前的事
猜測別人的心思	請教別人的想法或意見
習慣對別人頤指氣使	好好地拜託別人
動不動就愛冷戰	把心中的困擾説出來
對某事漠不關心	認真看待某事
抹煞你的功勞	將功勞歸於你，或好好地解釋這件事不是你促成的
對於微不足道的小過失碎碎念	承認沒有人是完美的；對小事情一笑置之

※摘錄自羅賓（Robin, A.T.）《青少年注意力缺陷過動症：診斷與治療》（ADHD in Adolescents: Diagnosis and Treatment）。©The Guilford Press（1998）

提供一個架構，讓孩子透過反覆的體驗，學會自己應用這個架構。

假如父母可以談談自己在轉型成為大人階段所遭遇的難題，孩子可能比較聽得進父母說的話。這樣可以給父母機會，讓你和孩子聊聊像是分配預算與零用錢管理、準時工作、上課、應付難纏的主管／同事這類常見的問題。

此外，到目前為止，父母也已經很了解孩子在執行能力方面的弱項，以及最令父母感到頭痛的狀況是什麼。因此，父母也可以利用這個機會把哏鋪好，讓孩子說明哪個情況他覺得很困難。如果父母用輕鬆的態度溝通，然後讓孩子自己衡量，而不是用說教或教訓的方式，就更有可能聽到孩子的訊息。當孩子真的遇到困難或失敗時，父母一定要克制「我早就跟你說過……」這種教訓孩子的衝動。如果父母可以做到這點，就有可能和孩子展開解決問題的討論。

當孩子離開家和高中，進入人生的下個階段（上大學、就業、當兵），他們會馬上面臨挑戰，包括預算分配、規畫、時間與金錢管理，以及面對新機會的衝動控制。與此同時，他們也會獲得更大的選擇權。**當年輕人對於自己執行能力的強弱項有一些認識，他們就可以開始選擇要加入還是退出情境，並根據自己的能力是否能「符合」要求來決定任務。**

父母可以和孩子聊聊他在各種能力的優缺點，協助孩子經歷這個過程；也可以向孩子說明，他的能力可以如何去符合某些要求。例如，組織力或時間管理能力不足，或無法專注於細節的青少年，很可能在需要留意帳戶餘額或申請授權，或準時換新牌照時遇到困難。如果孩子有變通力方面的缺點，那麼必須更動時程表或責任分工的工作，就會引起問題。看孩子所決定的選擇或任務，父母也會知道他哪個部分最需要支援。

不要怕讓孩子遇到拒絕或失敗，父母只須給予重新振作的支援

在孩子轉型成為大人的過程中，現實世界的經驗對於行為的影響，遠比父母的說教或責備來得更大。然而，放手讓孩子親身去體驗，父母和孩子可能會覺得很冒險。如同我們稍早在本書中提到的，這個時代的青少年和父母的關係很親近，反之亦然：現今的父母也感覺和自己的孩子很親近。父母總是努力避免讓孩子經歷不愉快的情境，或者遭遇挫折和失敗。利維恩（Mel Levine）在《人生就在眼前，你準備好了嗎？》（Ready or Not, here Life Comes，心理出版社）一書中提出一個強而有力的觀點，認為這可能就是為什麼有這麼多孩子沒有準備好「轉大人」的部分原因。相反地，應該不要讓孩子逃避挫折或失敗，我們可以追隨亨利・福特的腳步，把這些事件看成機會：「失敗，只不過是讓我們更有智慧重新開始的一個機會。」

所幸，我們有對策可以運用在青春期和青少年孩子的身上，幫助他們在現實中體驗與學習，而不致讓你感覺只是任由他們獨自去面對。其中一個對策，就是積極帶領小大人去接觸最後終將由自己去處理的任務或情境。要孩子到銀行查詢汽車貸款的狀況、算算看他們的教育花費和負債，以及編列買房子、生活費與車款的預算，這些都是很重要的學習經驗。孩子會因此獲得機會，可以把自己的想法和真實的情況相互對照，了解父母以外的人所提供的訊息。

最近有位父親，跟我們提到女兒要自行創業的計畫。這位父親試著向女兒點出她的期望「不切實際」，並禁止她太過投入，結果只是讓她的意志更為堅定。看到自己努力挽救女兒未果，這位父親於是答應會盡其所能地幫忙。父女倆一起討論需要的資訊，找到一位不動產經紀商，了解開一間小店的成本，並取得費用與庫存的報價。女兒還沒有確定是否想繼續，或有沒有能力追求

自己的理想，但是這個經驗十分可貴，同時也讓父親對女兒的決定更有信心。

讓孩子真實地體驗挫折，從中得到教訓

另一個在短期內可能比較痛苦的對策，就是任由孩子跌跤，這對父母來說，並不是新的策略。在孩子成長過程中，你要讓孩子嘗到失敗，才能幫助孩子學習容忍挫折，並堅持解決問題。若等孩子離開家才遇到挫折，他要承受的後果就會更嚴重。因為沒有申請行照或超速駕駛而吃罰單、繳納帳戶透支費用、在等候餐點時信用卡遭到拒絕，以及為了弄丟手機（或平板電腦、車鑰匙、執照）而付出代價，都能讓孩子建立起光憑父母說破嘴也比不上的警覺心。這些事件和其他經驗也許無法完全修正問題，但是反覆承受後果的衝擊，對於改變孩子的行為，是非常有力量的。

要有效利用這項策略，父母必須確定發生失敗經驗的頻率或嚴重程度不致讓孩子因此灰心喪志。為了確認，父母可能要修正之前的原則：給孩子成功所需的最低限度支援。新的原則是：至少給孩子重新振作的必要支援，並提醒孩子犯過的錯誤，讓他們能持續朝向獨立之路邁進。

對每個人來說，尤其是執行能力有弱項的孩子，人生中的失敗在所難免。因此，純粹的「愛之深、責之切，成敗完全看自己」的做法可能很冒險。我們發現，當父母應用指導策略，並隨孩子愈來愈能成功應付成年人的責任，持續及漸進地減少支援時，父母和孩子最能獲致成功。

後記

父母永遠是孩子的啦啦隊！

我們現在要帶你快速回顧一下，我們認為父母可以做的最重要事情：

- 找出執行能力的強弱項及在什麼情況下會引發什麼問題。和孩子討論這些問題，讓他們開始了解與分辨它們。
- 盡早開始著手研擬對策。記住，當父母開始行動，孩子就會隨之受惠。
- 協助孩子學習如何利用簡短的步驟來努力，加強他們嘗試的決心，並逐漸減少指導。
- 指引孩子利用資源（人、經驗、書籍），讓他們準備好的時候，能夠尋求建議、協助。
- 判斷父母能夠給孩子什麼型態的支援（資金、時間、生活情境）、支援多久，以及在什麼條件下給予。
- 讓孩子明確了解，他們協議的目標是什麼（財務貢獻、成績、家事）。
- 假如孩子的表現落後原本達成的協議，要開放而即時地與孩子討論。其他人（老闆、教授等人）都會留意孩子的表現，父母也應該這麼做。
- 假如孩子失敗，請給他溫言安慰；若孩子無法重新振作，要給孩子幫忙。切記，如果孩子希望自己應付問題，他們會在認定需要的時候尋求協助，並且不想要父母的救援，這是一個正面的跡象。
- 同樣地，鼓勵孩子的努力、稱讚孩子的成功，並且讓他們知道，父母是很愛他們的。

野人

野人文化 讀者回函卡

感謝你購買

姓　名　　　　　　　□女 □男　年齡

地　址

電　話　　　　　　　手機

Email

□同意 □不同意　收到野人文化新書電子報

學　歷 □國中(含以下) □高中職 □大專 □研究所以上

職　業 □生產/製造 □金融/商業 □傳播/廣告 □軍警/公務員
□教育/文化 □旅遊/運輸 □醫療/保健 □仲介/服務
□學生 □自由/家管 □其他

◆你從何處知道此書？
□書店：名稱 ____________ □網路：名稱 ____________
□量販店：名稱 ____________ □其他 ____________

◆你以何種方式購買本書？
□誠品書店 □誠品網路書店 □金石堂書店 □金石堂網路書店
□博客來網路書店 □其他 ____________

◆你的閱讀習慣：
□親子教養 □文學 □翻譯小説 □日文小説 □華文小説 □藝術設計
□人文社科 □自然科學 □商業理財 □宗教哲學 □心理勵志
□休閒生活（旅遊、瘦身、美容、園藝等） □手工藝／DIY □飲食／食譜
□健康養生 □兩性 □圖文書／漫畫 □其他 ________

◆你對本書的評價：（請填代號，1. 非常滿意　2. 滿意　3. 尚可　4. 待改進）
書名 _____ 封面設計 _____ 版面編排 _____ 印刷 _____ 內容 _____
整體評價 _____

◆你對本書的建議：

野人文化部落格 http://yeren.pixnet.net/blog
野人文化粉絲專頁 http://www.facebook.com/yerenpublish

廣 告 回 函
板橋郵政管理局登記證
板橋廣字第143號

郵資已付 免貼郵票

23141
新北市新店區民權路108-2號9樓
野人文化股份有限公司 收

野人

請沿線撕下對折寄回

野人

書號：0NFL6145